I0076766

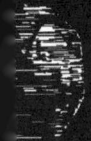

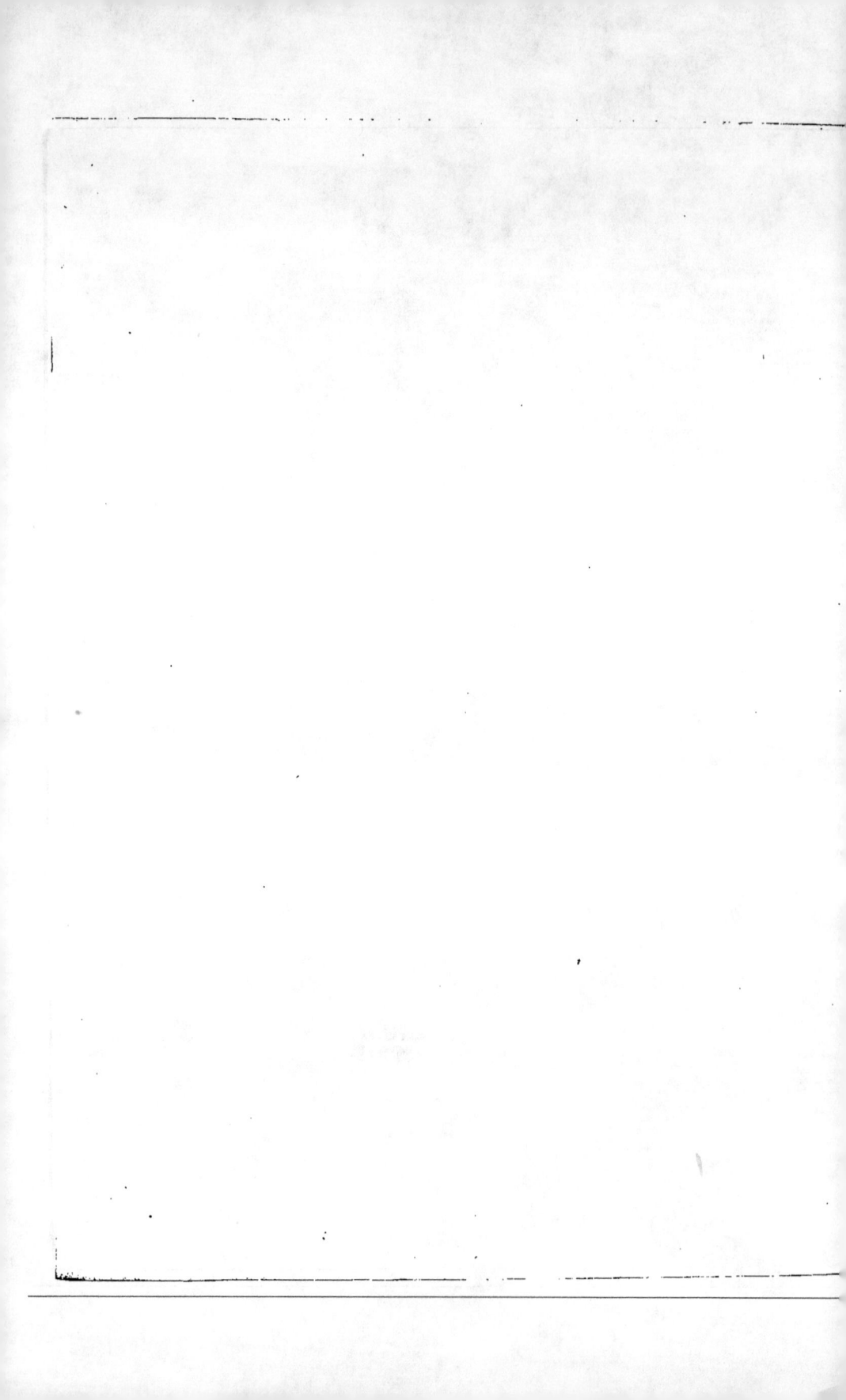

OBSERVATIONS

DES HABITANS DE LA HAUTE-SAONE

EN FAVEUR DU

PROJET DE CHEMIN DE FER DE MULHOUSE A DIJON

PAR

BELFORT, LURE, VESOUL ET GRAY.

V

OBSERVATIONS

DES HABITANS DE LA HAUTE-SAONE

EN FAVEUR DU

PROJET DE CHEMIN DE FER DE MULHOUSE A DIJON

PAR

BELFORT, LURE, VESOUL ET GRAY,

consignées au Registre d'Enquête à Vesoul.

Nous soussignés, habitans de l'arrondissement de Vesoul, département de la Haute-Saône, après avoir pris communication d'un projet d'établissement de chemin de fer de Mulhouse à Dijon, soumis à l'enquête, avons cru devoir présenter les observations suivantes.

La haute importance des chemins de fer n'est plus un problême; les avantages immenses qu'ils procurent ne peuvent plus être mis en doute. Mais les difficultés de toute nature qui se rencontrent dans leur exécution, l'énorme dépense qu'ils entraînent, les charges qui pèsent sur le Trésor, ne permettront pas, nous le savons, malgré l'émulation de sacrifices qui se manifeste de toutes parts, d'arriver de sitôt à cet ensemble complet qui doit satisfaire un jour à toutes les exigences du commerce et de la politique. Dans l'impossibilité d'une exécution simultanée, le Gouvernement a senti que la priorité devait être accordée à ces grandes lignes qui, reliant le centre aux principaux points de la circonférence, doivent concourir plus puissamment à la défense du territoire, ainsi qu'au développement de la prospérité publique.

Or, parmi ces lignes de premier ordre figurent incontestablement celles qui ont pour objet d'établir à travers la France une communication à grande vi-

1842

tesse, entre l'Océan, la Méditerranée et la frontière de l'Est. Nos intérêts politiques en Orient et sur le Rhin, ceux plus actuels de notre récente conquête
d'Afrique, l'état de notre commerce à l'intérieur et à l'extérieur, le transit
toujours croissant qui s'opère par les ports et les rails-way de la Belgique et de
la Hollande, exigent impérieusement qu'on se hâte de relier entr'eux le Hâvre,
Marseille, Bâle et Strasbourg, en passant par Paris et Lyon, ces deux grands
centres d'activité et d'industrie.

Si la nécessité de cette jonction est évidente, il n'est pas moins certain que,
parmi les lignes à l'aide desquelles elle doit s'opérer, la plus importante, sous
le point de vue du transit et de la politique, est celle qui a pour objet de lier
le Hâvre et Paris à la frontière du Rhin.

Quant au tracé de cette ligne majeure, nulle difficulté du Hâvre à Paris. Mais
il n'en est pas de même de Paris au Rhin. Ici deux tracés se présentent : l'un
direct, se dirigeant de Paris à Strasbourg, en passant par Nancy; l'autre, *indirect*, passant par Dijon ou Thil-Châtel et par Mulhouse. Or, entre ces deux
tracés, si l'un est exclusif de l'autre, lequel doit être maintenu de préférence?
ou, si l'un ne doit que faire ajourner l'autre, lequel doit obtenir la priorité?
Voilà le point qu'il s'agit d'abord de décider. Eh bien! nous soutenons que
dans ces deux hypothèses le tracé indirect doit évidemment l'emporter, parce
qu'il satisfait incomparablement mieux à tous les intérêts généraux, ainsi que
nous allons le prouver.

Le tracé indirect a d'abord l'avantage de mettre de suite Strasbourg et la frontière du Rhin en pleine communication non-seulement avec Paris, mais avec
Lyon; non-seulement avec le nord, mais avec le midi de la France; non-
seulement avec l'Océan, mais avec la Méditerranée.

Il a en second lieu l'avantage d'offrir une grande économie dans l'exécution,
en ce qu'il utilise 1° *toute la portion de la grande ligne de Paris à Lyon comprise
entre Paris et Dijon;* 2° *toute la portion de chemin de fer déjà exécutée entre
Mulhouse et Strasbourg :* d'où il suit qu'il ne reste plus à mettre en ligne de
compte, pour la dépense, que le parcours de Mulhouse à Dijon. Or, comme
ce parcours est beaucoup moins long que celui qui se trouve entre Strasbourg
et Paris, il en résulte que la dépense à faire sera aussi beaucoup moins grande,
puisqu'elle devra être diminuée de toute la quantité qui correspond à la différence de ces deux parcours.

A ce second avantage, pris de l'économie, il s'en joint un troisième d'une plus
haute importance, tiré de la politique. Le rail-way direct de Paris à Strasbourg,

comme l'a fait observer le Comité des fortifications (dont l'autorité doit être d'un grand poids dans la balance), serait d'abord trop rapproché de la frontière du Nord, ce qui l'exposerait à être coupé, et il aboutirait ensuite à Strasbourg, c'est-à-dire sur le point où l'invasion est le moins à craindre.

Ce double inconvénient ne se rencontre pas dans le tracé indirect, qui, partant du centre même du pays, traversant les départemens les plus riches en ressources de toutes espèces, passant sous le canon de Belfort et aboutissant à Bâle, qui, comme on sait, est le véritable côté vulnérable de la France, offre la plus belle ligne d'opérations qui se puisse imaginer pour une armée qui agirait sur le Rhin et qui aurait ou à tenter une invasion ou à s'opposer à celle de l'ennemi. D'ailleurs ce tracé par Dijon, formant embranchement sur la ligne qui descend dans la vallée du Rhône, complète la véritable et grande voie stratégique qui doit relier Paris à Belfort, à Strasbourg, aussi bien qu'à Lyon et à Toulon. Une fois terminée, *cette voie fait de la garnison de Paris la garnison de nos frontières; elle permet de transporter un corps d'armée en quatorze heures de Paris à Bâle, en douze heures de Paris à Lyon, en deux étapes de Paris à Toulon ou à Marseille.* ALGER SE RAPPROCHE DE NOUS ET DEVIENT UN DÉPARTEMENT FRANÇAIS. Ces dernières considérations, empruntées à un journal grave, et corroborées par l'autorité même du Comité des fortifications, nous paraissent décisives dans la question.

Ajoutons enfin que, sous le point de vue commercial, le tracé indirect a également une supériorité incontestable.

La Chambre de commerce du Hâvre, juge compétent, s'il en fut, en semblable matière, invitée à donner son adhésion au tracé direct, s'est au contraire hautement prononcée pour le tracé indirect. Elle a démontré que le chemin de fer de Paris à Strasbourg par Nancy, auquel n'aboutit aucune autre ligne, n'est profitable qu'aux localités qu'il parcourt, et nous laisse dans la même position d'infériorité où nous nous trouvons relativement à la Belgique et à la Hollande (car, il faut le reconnaître, le transit entre l'Océan et l'Allemagne leur appartient, et un rail-way direct par Nancy ne parviendrait pas à faire pencher la balance en faveur de Strasbourg); qu'au contraire le chemin indirect de Paris à Strasbourg par la Bourgogne, se reliant à celui de Lyon et Marseille, dessert toutes les populations françaises situées entre l'Océan et la Méditerranée, assure au commerce français, par Genève, Neufchâtel et Bâle, la prépondérance dans toute la Suisse, et crée une concurrence redoutable aux ports hollandais et belges, dans une bonne partie de l'Allemagne.

Par le tracé indirect, Strasbourg a de son côté un ample avantage qu'autrement il eût perdu sans compensation : il devient à son tour le point central d'un immense transit entre l'Allemagne et la Méditerranée, et tout-à-la fois le facteur de Lyon et de Marseille sur le Rhin.

Il nous reste à dire un mot sur la seule objection tant soit peu sérieuse qui ait été faite contre le tracé indirect, à savoir qu'il est le plus long. Rien n'est plus vrai assurément ; mais quand nos adversaires objectent que par ce tracé on perdrait huit heures, ils exagèrent les choses au moins de moitié : car cela ne pourrait pas être, même en comparant le plus court des tracés directs possibles avec le plus long des tracés indirects, ce qui d'ailleurs ne serait pas juste. Mais il y a telles combinaisons fort plausibles d'après lesquelles l'objection se trouverait singulièrement amoindrie. Si l'on adoptait, par exemple, les tracés qui ont été étudiés dans les vallées de l'Aube et de la Seine, avec l'embranchement par Strasbourg à Thil-Châtel, l'allongement ne serait plus que de 90 kilomètres, et même que de 72 kilomètres, si l'on adoptait en outre les modifications qu'un ingénieur a proposées dans le tracé entre Belfort et Mulhouse, ce qui réduirait à deux ou trois heures le temps qu'on perdrait par la voie indirecte. Or, l'inconvénient unique de rester deux ou trois heures de plus en route pour un trajet tel que celui de Strasbourg à Paris, est bien plus que compensé par l'avantage de relations promptes et faciles avec le centre de la France et la vallée du Rhône, avec les ateliers de Lyon et le port de Marseille.

Ainsi appuyés sur deux autorités également graves et irrécusables, nous croyons avoir démontré que le tracé indirect par la Bourgogne, et, à plus forte raison, par les vallées de la haute Seine et de l'Aube, répond incomparablement mieux à tous les intérêts généraux, à toutes les convenances de la politique et du commerce. Nous avons établi, d'ailleurs, qu'il était beaucoup plus économique dans son exécution : nous sommes donc fondés à conclure qu'il doit de toute justice obtenir la préférence ou la priorité.

Ce point admis, savoir que le chemin de fer de Paris à Strasbourg doit passer par Dijon ou Thil-Châtel, il reste à examiner maintenant quelle direction il devra suivre de préférence, dans le parcours entre la Bourgogne et Mulhouse.

Ici nous rencontrons notre principal ou plutôt notre seul adversaire, nous nous trouvons face à face avec lui ; ici, en d'autres termes, se présente la question vitale pour nous. Le chemin de fer aux études et en projet passera-t-il par la Haute-Saône ou par le Doubs ? Cette question, heureusement, ne sera pas soumise à la décision de ces juges intéressés ou superficiels qui disent : « Le département du Doubs, c'est *Besançon;* le département de la Haute-Saône, c'est *Vesoul :* donc le département du Doubs l'emporte sur celui de la Haute-Saône et mérite sur lui la préférence. » Nos juges, et c'est cela qui nous rassure, seront le Gouvernement et les Chambres ; ils examineront la question de haut, avec impartialité, sous toutes ses faces, au point de vue des intérêts généraux, des vrais intérêts du pays, et, dès-lors, nous sommes bien sûrs de voir triompher notre cause : car tout se réunit pour en assurer le succès.

1° *La nature;* 2° *la justice;* 3° *les intérêts nationaux du premier ordre,* ceux qui touchent à la puissance du pays, à son indépendance, à la défense du territoire ; 4° *la richesse du département de la Haute-Saône,* incomparablement plus grande sous tous les rapports que celle du département du Doubs, et les élémens d'alimentation et de prospérité beaucoup plus considérables que ce premier département offre à l'exploitation du chemin de fer; 5° *les intérêts territoriaux beaucoup plus nombreux* qui se trouvent mieux protégés et desservis par le tracé de la Haute-Saône que par le tracé du Doubs ; 6° enfin *les avantages incalculables qu'offre·notre tracé sur celui du Doubs,* sous le rapport des dépenses *réelles,* des difficultés *vraies,* soit de construction, soit d'exploitation.

Nous allons reprendre successivement et succinctement tous ces points.

1° *La nature elle-même* a pris soin de proclamer et de montrer à tous que le tracé du chemin de fer qui doit relier Strasbourg et Mulhouse à Dijon et à Lyon, ne peut pas exister dans la vallée du *Doubs;* c'est pour cela qu'elle a fait cette vallée si étroite, si tortueuse, si rocheuse, si hérissée d'aspérités, de difficultés, d'impossibilités de toute espèce, semées à chaque pas ; c'est au contraire pour y établir cette communication qu'elle a si largement ouvert la riche et magnifique vallée de la Haute-Saône, où elle semble avoir applani à plaisir les obstacles dont elle a hérissé l'autre vallée.

Du reste, cette vérité, cette indication de la nature a d'abord frappé tous les yeux; elle a eu le privilége de n'être méconnue par personne : lorsque la première idée du projet de chemin de fer de Mulhouse à Dijon a été jetée dans le public comme chose sérieuse, personne n'a pensé à la vallée du Doubs, *même à Besançon;* c'était une opinion généralement reçue, que nul n'osait contredire, que le passage du chemin par cette vallée était impraticable et impossible.

Nous pouvons donc le répéter, le passage par la vallée du Doubs est *contre nature.*

S'il est aux enquêtes aujourd'hui, s'il s'y présente en rival du passage par la Haute-Saône, c'est un vrai prodige : il aura fallu pour l'opérer qu'il se trouvât à Besançon un ingénieur ardemment dévoué aux intérêts de la contrée qui l'a vu naître, et que cet ingénieur fût assez habile pour faire ce qui avait, jusque-là, paru impossible à tout le monde, « EN LEVANT *toutes les difficultés* QUI SEMBLAIENT S'OPPOSER *à l'exécution du rail-way par la vallée du Doubs*. » (Ce sont les expressions dont se sert, pour louer l'œuvre de M. Parandier, le conseil municipal de Besançon, dans sa délibération du 16 décembre 1841.)

2° *La justice* s'oppose à l'adoption du tracé par le Doubs : ne serait-il pas, en effet, inique, contraire à toutes les règles de la justice, qu'après avoir récemment doté, aux frais de l'Etat, c'est-à-dire avec l'argent des contribuables des autres départemens, la ville de Besançon et le département du Doubs, du canal du Rhône au Rhin, on vînt encore, avec l'argent de ces mêmes contribuables, enrichir la même ville et le même département d'un chemin de fer, jetant ainsi toutes les faveurs sur un même point, sans se laisser arrêter par cette considération déterminante, ce semble, que les deux voies se feront une concurrence nuisible, qu'elles s'amoindriront l'une par l'autre ; tandis que si elles étaient éloignées elles vivifieraient et enrichiraient, sans se nuire, deux contrées au lieu d'une ?

N'y aurait-il pas encore injustice et iniquité à anéantir, à ruiner complétement une cité aussi importante, aussi digne d'intérêt que la ville de Gray ; à lui enlever tout à coup une existence, une possession si ancienne, si respectable, puisqu'elle a été si laborieusement et si noblement conquise, et cela, pour enrichir de ses dépouilles une autre localité ? Et n'est-il pas certain cependant que si, par l'adoption du tracé de M. Parandier, le chemin de fer aboutissait à la Saône au-dessous de Gray, et qu'ainsi le point de jonction et de communication du Midi à l'Est et au Nord cessât d'avoir lieu dans cette dernière ville, le coup mortel lui serait porté ? Nous ne faisons qu'indiquer ici cette considération ; nous laissons à la ville de Gray le soin de la développer et de la faire ressortir dans toute sa force.

3° *Les intérêts nationaux du premier ordre*, ceux qui touchent à la puissance du pays, à son indépendance, à la défense du territoire, réclament, avons-nous dit, la préférence pour le tracé de la Haute-Saône.

Il faut bien reconnaître, en effet, et personne n'oserait le contester, que les chemins de fer, par la facilité qu'ils donnent de transporter avec une rapidité si prodigieuse les troupes et le matériel, sur un point indiqué, sont un des moyens les plus puissans de la guerre défensive et offensive; et, lorsque toutes les nations qui nous avoisinent couvrent leur territoire de chemins de fer, et se créent un si grand moyen d'action et de résistance, il n'est pas possible que nous restions dans un état d'infériorité, et que nous ne nous préparions pas à lutter, le cas arrivant, à armes égales. Les nécessités politiques et les considérations de la stratégie doivent donc avoir une grande influence sur le tracé des chemins de fer.

Or, il est de la dernière évidence que ces nécessités et ces considérations doivent déterminer le choix du tracé par la Haute-Saône, et qu'elles rendent *impossible* l'adoption du tracé par le Doubs. Notre cause, en ce point, trouvera, nous le savons, des défenseurs plus habiles et plus compétens que nous. Le Comité des fortifications a déjà élevé en notre faveur sa voix puissante : le savant auteur du tracé par la Haute-Saône, M. Legrom, a parfaitement traité cette question dans ses études, ou mémoire à l'appui de son travail publié le 31 octobre dernier.

Nous ne voulons que rappeler ici quelques-uns des argumens de notre cause.

D'abord, la ligne de chemin de fer dont notre tracé fait partie n'est pas, ne peut pas être une de ces lignes secondaires que les hommes de l'art ont appelées *concentriques*, et qui n'ont pour objet que de relier entre elles les places fortes importantes de la frontière : c'est au contraire une de ces lignes capitales que l'on a appelées *radiaires*, et qui ont pour objet de mettre en communication immédiate et directe les frontières avec l'intérieur, la tête avec le cœur du pays; de parer le plus efficacement possible à une invasion, par le transport rapide des troupes aux points où elle a lieu; et notre ligne est une des premières d'entre toutes celles de cette catégorie, puisqu'elle réunit Paris et Lyon à la frontière de l'Est la plus menacée, en traversant les parties de la France qui offrent, sous tous les rapports, les plus abondantes ressources de guerre.

Maintenant, quel est le point vulnérable de notre frontière de l'Est, quel est celui par lequel l'invasion de notre territoire peut s'opérer le plus facilement? C'est incontestablement Bâle : la question n'est pas à discuter; elle est irrévocablement résolue par l'exemple, par l'histoire de 1814 et 1815 : c'est donc sur le point de Bâle qu'il faut que la ligne radiaire soit dirigée pour y porter rapidement l'armée qui devra s'opposer à l'ennemi qui voudrait envahir la France par ce point en quelqne sorte obligé. Cette question est, d'un autre côté encore, *irrévocablement* résolue par l'autorité toute puissante, celle du Gouvernement, et par les faits accomplis. En effet, le Gouvernement, en consacrant des sommes immenses à faire de Belfort une de nos places de guerre de premier ordre ; en créant devant cette place un camp retranché qui peut contenir 3o,ooo hommes, et arrêter l'ennemi qui, débouchant par Bâle, voudrait pénétrer dans l'intérieur, le Gouvernement a, par la force des choses, constitué le point d'*attaque et de défense* de la frontière de l'Est à Belfort : c'est donc là que toutes les forces doivent être au besoin réunies ; c'est là que doivent converger toutes les voies de communication et de transport qui, de l'intérieur, aboutiront à la frontière dè l'Est ; c'est là que doit arriver directe-ment la ligne radiaire partant de Paris à Lyon. Besançon, qui n'est quelque chose que par sa citadelle ; Besançon qui ne peut pas contenir un corps d'armée ; Besançon, qui est trop éloigné de Bâle, n'est plus pour la défense qu'une place de second ordre, qui ne peut pas servir de tête d'opérations.

Ce n'est donc pas sur Besançon, c'est sur Belfort qu'il faut que la ligne radiaire soit dirigée et aboutisse ; c'est donc le tracé qui conduit à Belfort, c'est-à-dire celui par la vallée de la Haute-Saône, et non pas celui par la vallée du Doubs, qu'il faut adopter.

D'ailleurs il est de principe, et le bon sens le plus vulgaire l'indique, que les lignes radiaires doivent être tracées de manière à ne pouvoir pas être coupées par l'ennemi, et pour cela, qu'elles doivent plonger dans l'intérieur du pays et s'éloigner le plus possible de la frontière. C'est donc encore le tracé de la Haute-Saône qu'il faut adopter, et non pas celui par la vallée du Doubs ; car ce dernier longe, sur une étendue de près de vingt-deux lieues, une frontière sans défense, de trop près pour qu'il ne soit pas *certainement et immédiatement* coupé ; ce qui isolerait de l'intérieur le corps opérant sur le Rhin. Que l'on examine, en effet, le tracé de M. Parandier, et l'on verra, par exemple, 1° qu'entre BESANÇON ET BELFORT (*ceci est capital*), son chemin passe *et passe nécessairement* à Morvillars ; 2° que ce village est placé sur la route même de Belfort à Porentrui, qu'il n'est qu'à huit kilomètres environ de la frontière ; en telle sorte que l'ennemi pourrait, dans une demi-heure ou une heure, se jeter, *par une grande route* qui semblerait lui avoir été préparée à dessein, sur le chemin de fer, le briser, isoler ainsi Belfort et le corps d'armée qu'il est destiné à recevoir, et lui couper ses communications avec l'intérieur ! Si ce n'est pas là un obstacle *invincible* au tracé par le Doubs, il faudra bien une fois de plus crier au prodige, lors surtout qu'on remarque qu'à l'inverse du tracé par le Doubs, le chemin par la Haute-Saône serait couvert et protégé et par la ville de Belfort et par celle de Besançon.

Ajoutons que la place de Langres vient d'être choisie pour servir de seconde ligne d'opérations sur cette partie de la frontière, pour être le point d'appui et de ralliement de l'armée se retirant de Belfort ; que les Chambres viennent de voter, dans la dernière session, 7,000,000 fr. pour élever la ville de Langres à cette position importante ; qu'il faut donc que Langres se relie à Belfort, et que cette condition fondamentale ne peut être accomplie que par l'adoption du tracé passant par la Haute-Saône, c'est-à-dire par Lure, Vesoul et Gray, et se rapprochant assez de Langres pour y être réuni par un très-court embranchement.

Disons enfin que la ligne d'opérations ainsi choisie traverse la partie du territoire la plus riche et la plus propre à fournir à l'armée les ressources de toute espèce dont elle peut avoir besoin. Le département de la Haute-Saône, pour ne parler que de lui, est en effet (comme nous le verrons mieux dans un instant) un des plus riches de France, en blé, en vins, en avoine, en fourrages, en bestiaux, en fontes et en fers ; les magnifiques usines qui couvrent les bords de la Saône à peu de distance du chemin de fer, fabriquent une quantité immense de farines, car les blés de la Lorraine y affluent comme ceux du département même, etc. etc. ; tandis que le département du Doubs, qui lui est en tout bien inférieur (ainsi que nous allons le voir), ne produit notamment guère plus de la moitié des céréales nécessaires à sa propre consommation.

Ici qu'il soit permis d'ajouter que M. Parandier s'est vu condamné, par les difficultés invincibles du terrain qu'il parcourt, à traverser *quatorze fois* le Doubs depuis Besançon jusqu'à Baume, en y jetant, et *Dieu sait comment,* *quatorze* ponts. Or l'on est forcé de se demander et de lui demander comment non-seulement le Comité des fortifications, mais encore la Commission *mixte* qui, *depuis trois ans,* s'oppose obstinément à la construction d'un pont communal entre Besançon et Baume, parce que dans ce pays, si rapproché de la frontière, elle voit, dans la construction de ce seul pont, un danger pour la défense du territoire, comment cette Commission ne verrait plus aucun danger dans la construction des *quatorze* ponts *obligés* de M. Parandier? Ce serait en vérité un troisième prodige !

4° La *richesse* incomparablement plus grande du département de la Haute-

Saône que de celui du Doubs, et les élémens d'alimentation et de prospérité
beaucoup plus nombreux et plus considérables qu'il offre à l'exploitation d'un
chemin de fer, doivent assurer la préférence à sa ligne sur la ligne rivale.

Nous allons diviser en *deux parties* la démonstration de cette proposition.

La *première partie* sera basée sur *les documens officiels et authentiques fournis
et publiés par le Gouvernement lui-même*. La *seconde partie* reposera sur les faits
et documens recueillis exactement, mais puisés cependant à une autre source.

PREMIÈRE PARTIE.

DÉMONSTRATION FOURNIE PAR DES DOCUMENS OFFICIELS PUBLIÉS PAR LE GOUVERNEMENT.

NOTE PRÉLIMINAIRE. — L'importance et l'immense utilité de la connaissance
exacte des faits n'a jamais été contestée : elle est indispensable à tout gouvernement. Comment, par exemple, sans cette connaissance, asseoir l'impôt sur
des bases justes? De là l'origine et la nécessité des statistiques. Louis XIV, le
premier, essaya de former une statistique générale du royaume. Cette science
marcha lentement; ses évaluations furent longtemps arbitraires et basées sur
de pures hypothèses. Mais aujourd'hui elle a fait de grands progrès. Au lieu de
procéder, comme on l'avait fait auparavant, par des évaluations de toutes choses
en masse, l'Administration, grâce à son admirable et puissante organisation,
est allée recueillir jusque dans les moindres localités les données qui lui étaient
nécessaires; elle a opéré par chaque commune, et elle a soumis son travail statistique à tant d'épreuves, de révisions et de contrôles, qu'elle est arrivée à des
résultats positifs qui touchent déjà à la vérité. Le rapport présenté au Roi par
le Ministre de l'agriculture et du commerce le 30 mai 1840 fournit à cet égard
les renseignemens les plus précieux. (Voir page xiv à xvj.)

D'après cette méthode, le Gouvernement a déjà publié la statistique *du territoire*, celle *de la population*, celle *de l'agriculture*, et, tous les ans, depuis
1835, (en vertu de la loi du 23 avril 1833, qui l'a prescrit), le Ministère des

travaux publics fait paraître un compte-rendu *par les ingénieurs des mines* de leurs travaux pour chaque année. Ce compte-rendu fournit l'état exact des produits minéralogiques de l'année à laquelle il s'applique.

C'est de ces documens *authentiques* et *officiels* que nous allons extraire la démonstration irrécusable de notre quatrième proposition.

Ces documens sont relatifs , 1° *à la population ; 2° au territoire ; 3° aux produits agricoles de toute espèce ;* dans lesquels sont compris, par chapitre séparé, *les produits des animaux domestiques ; 4° aux produits minéralogiques ,* qui comprennent 1° *les produits de l'industrie du fer dans toutes ses parties, 2° les produits de l'exploitation et des élaborations principales des substances d'origine minérale.*

Tous ces tableaux vont être extraits de la *Statistique agricole* publiée en 1840 par le Ministre de l'agriculture et du commerce , tome Ier, pour la région du nord-oriental de la France.

DÉPARTEMENS.	TERRITOIRE.		NOMBRE de communes.	POPULATION	
	Hectares.	Myriamètres.		totale.	par myriamètre carré.
Haute-Saône.......	530,990	53,10	651	543,298	6,465
Doubs...........	525,212	52,52	640	276,274	5,620
				67,024	845

Ainsi la population de la Haute-Saône, sur une étendue de territoire à peu près égale, est plus forte que celle du Doubs de 67,024 habitans ou environ *un quart,* et de 845 habitans par myriamètre carré. (Tableau n° Ier, page 9 du volume cité.)

DÉPARTEMENS.	CONTRIBUTIONS DIRECTES EN PRINCIPAL.				
	Foncière.	Personnelle et mobilière.	Portes et fenêtres.	Patentes.	TOTAL.
HAUTE-SAÔNE......	1,483,861ᶠ00ᶜ	277,700ᶠ00ᶜ	185,467ᶠ00ᶜ	218,517ᶠ39ᶜ	2,165,545ᶠ39ᶜ
DOUBS..........	1,200,705 00	272,900 00	190,227 00	212,591 14	1,876,221 14
En plus pour la Haute-Saône ...	283,158 00	....	....	5,926 45	289,124 45

Ainsi les contributions directes payées par la Haute-Saône s'élèvent en principal à 289,124 fr. 45 c. au-dessus de celles du Doubs. L'impôt foncier y est de 283,158 fr., c'est-à-dire d'*un quart* plus élevé. L'impôt des patentes, représentatif du commerce et de l'industrie, y est également plus haut ; et cependant il faut bien remarquer que les patentes de la ville de Besançon entrent pour une notable partie dans le chiffre total du département du Doubs, et qu'à raison de la population considérable de cette ville, le droit fixe y est élevé *de plus de moitié*, de 3/5 au moins, au-dessus du droit fixe correspondant des villes et de toutes les communes du département de la Haute-Saône.

PRODUCTION AGRICOLE, Y COMPRIS CELLE PROVENANT DES ANIMAUX DOMESTIQUES.

(Tableaux 9, 26 et 84, pages 24, 46, 288 et 289 du volume cité.)

DÉPARTEMENS.	CULTURES.	BOIS.	PATURAGES.	ANIMAUX domestiques.	TOTAL.
HAUTE SAÔNE..........	35,817,567ᶠ	3,884,025ᶠ	11,846,855ᶠ	7,540,511ᶠ	59,088,954ᶠ
DOUBS...............	25,135,143	3,668,712	12,589,551	7,493,085	46,886,491
En plus pour { la Haute-Saône..	10,684,424	2,215,511	»	45,426	»
{ le Doubs......	»	»	742,718	»	»
Avantage général résultant pour la Haute-Saône de la production agricole.					12,202,445

Ces résultats donneront lieu à des remarques et à des développemens *très-*

importans, notamment en ce qui concerne *les fromens, avoines, vins, bois, pâturages, animaux domestiques, pour leurs produits et le commerce auquel ils donnent lieu.* Nous les fournirons en forme de notes après les tableaux d'ensemble.

PRODUITS MINÉRALOGIQUES.

COMPTE RENDU PAR LE MINISTÈRE DES TRAVAUX PUBLICS DES TRAVAUX DES INGÉNIEURS DES MINES PENDANT L'ANNÉE 1840.

Tableau comparatif de la valeur créée dans la Haute-Saône et le Doubs par la fabrication et les élaborations principales de la fonte, du fer et de l'acier. (Volume cité, pages 118 et 119.)

DÉPARTEMENS.	Par l'extraction et la préparation des minerais.	Par la fabrication de la fonte.	Par la fabrication du gros fer.	Par les élaborations principales du gros fer et de la fonte.	Par la fabrication et les élaborations principales de l'acier.	Valeur créée totale.
Haute-Saône	1,720,628ᶠ	4,524,156ᶠ	904,765ᶠ	1,115,405ᶠ	82,080ᶠ	8,545,034ᶠ
Doubs	125,573	956,740	1,457,869ᶠ	1,262,612	115,980	5,918,574

Excédant total, *sur ce point,* de la production de la Haute-Saône sur celle du Doubs. 4,426,460

Résumé ou Tableau comparatif de la valeur créée dans les deux départemens du Doubs et de la Haute-Saône par les diverses branches de l'industrie.

(Page 176 du compte-rendu de 1840. — Tableau n° 20.)

DÉPARTEMENS.	EXPLOITATION des combustibles minéraux et de la tourbe.	FABRICATION et élaborations principales de la fonte, du fer et de l'acier.	EXPLOITATION des métaux autres que le fer, des bitumes minéraux, et des sels.	EXPLOITATION des carrières.	ÉLABORATIONS principales des substances d'origine minérale.	VALEUR créée totale.
Haute-Saône........	300,000f	8,543,054f	15,900f { 14,700 fr. de sels, et 1,200 fr. de manganèse.	206,854f	1,350,545f { Savon : 1° Verreries.... 588,000f; 2° Faïences et poteries diverses.... 753,865; 3° Fabriques de chaux et de plâtre...... 208,440 (Compte-rendu de 1855, pages 118 et 120.)	10,217,885f
Doubs............	74,845	5,918,574	405,605 Sels.	254,810	537,990 { Poteries diverses et fabriques de chaux et de plâtre.	5,189,770

Avantage général pour la Haute-Saône sur le Doubs......... 5,027,845
(ou production double de celle du Doubs.)

Mais cette valeur comparative totale doit être rétablie et déterminée ainsi : { Pour la Haute-Saône .... 10,772,954 ; Pour le Doubs............ 5,054,685 }

Avantage général pour la Haute-Saône sur le Doubs......... 3,718,249
(ou production plus que double.)

NOTE IMPORTANTE. — En effet on voit que, dans le tableau que nous venons de reproduire, la Haute-Saône ne compte *pour exploitation et production de sels* qu'une somme de 14,700 fr., tandis que le Doubs y figure pour celle de 406,603 fr. (Voir la page 130 du Compte-rendu de 1840.) Cela provient de ce que pendant l'année 1839 (à laquelle s'applique ce compte) toutes les mines de sel de la Haute-Saône avaient été, par la loi du monopole, mises sous l'interdit (les 14,700 fr. provenaient de la vente de sels restant de la fabrication de la compagnie Grillet et Parmentier); tandis que la saline d'Arc, dans le département du Doubs, était en pleine exploitation (par la compagnie des salines de l'Est). La proportion ici établie entre la production des sels de la Haute-Saône et de ceux du Doubs, va donc *immédiatement* changer, tout à l'avantage de la Haute-Saône, par suite de la loi qui a rendu libre la fabrication du sel. On ne connaît, en effet, dans le département du Doubs qu'une source salée, celle d'Arc; aucune mine de sel gemme n'y a été découverte : tandis que des mines de sel d'une richesse inépuisable couvrent notamment un grand rayon de l'arrondissement de Lure (Haute-Saône). Déjà six demandes en concession y sont à l'instruction : elles s'étendent sur un périmètre de *soixante-trois kilomètres carrés (toutes sur la ligne même du tracé du chemin de fer par la Haute-Saône, et sous un terrain houiller qui, procurant sur place un combustible de médiocre qualité, et par conséquent d'un bas prix,* donnera un avantage immense aux exploitations de sel de la Haute-Saône sur toutes celles qui pourraient se produire ailleurs, et leur assurera par-là même le plus vaste débouché); plusieurs autres demandes en concession se préparent. Le département de la Haute-Saône va donc *de suite* conquérir sur ce point une nouvelle et incalculable supériorité sur son rival le département du Doubs. Ainsi on voit, dans le Compte rendu par les ingénieurs des mines pour l'année 1835 (page 113), que dans *la seule saline de Gouhenans,* exploitée alors par la compagnie Grillet et Parmentier (demanderesse actuelle en concession), on a exploité, dans le cours de l'année 1833, 60,000 quintaux métriques de sel gemme, dont la valeur était de 570,000 fr. (pour l'impôt desquels 60,000 quintaux *les agens des contributions indirectes de la Haute-Saône* ont perçu 1,371,790 fr.); tandis que, sous le poids de cette seule concurrence, le département du Doubs n'a produit que 26,361 quintaux métriques de sel, dont la valeur était de 271,518 fr. Ce sera donc rester évidemment *bien au-dessous* de nos avantages réels que de rétablir la proportion de 1833 dans l'estimation des produits salifères des deux départemens. Il en résultera cependant que le chiffre des produits minéralogiques comparés de la Haute-Saône et du Doubs devra être rétabli ainsi qu'il suit : (MAIS PROVISOIREMENT SEULEMENT, BIEN ENTENDU, afin de rester toujours dans *les chiffres* OFFICIELS, *et sauf à augmenter à l'avenir l'avoir de la Haute-Saône du produit incalculable des mines de sel gemme, si nombreuses, si riches et si bien placées de ce département*).

Ainsi, produits minéralogiques de la Haute-Saône..... 10,772,934 fr.

Idem   du Doubs........... 5,054,685

Avantage pour la Haute-Saône.............. 5,718,249

Résumé comparatif général des produits agricoles et minéralogiques des deux départemens.

Haute-Saône.. { Produits agricoles........ 59,088,984	}	69,861,918
Produits minéralogiques... 10,772,934.		
Doubs....... { Produits agricoles........ 46,886,491	}	51,941,176
Produits minéralogiques... 5,054,685		

Avantage général résultant pour le département de la Haute-Saône des documens *officiels* publiés par le Gouvernement.. 17,920,742

Avant d'arriver à *la seconde partie* de notre démonstration, qui complètera le tableau de la richesse industrielle de la Haute-Saône, et de sa supériorité sur le département du Doubs, il est important de consigner ici quelques développemens *capitaux* des documens officiels qui viennent d'être produits, afin de mieux faire ressortir encore cette supériorité et ses conséquences appliquées à l'exploitation et à la prospérité d'un chemin de fer. (Ce sera toujours dans les statistiques officielles que nous puiserons nos développemens; nous aurons soin d'indiquer ceux qui n'en seraient pas extraits.)

Commençons par *les produits minéralogiques.* 1° Le *département de la Haute-Saône* occupe le HUITIÈME RANG, et celui du Doubs le VINGT-TROISIÈME RANG dans le tableau, fourni par les ingénieurs des mines, des départemens classés suivant l'ordre d'importance de leurs produits minéralogiques, avec indication de la valeur créée dans chaque département pour les diverses branches de l'industrie minérale, et le rapport de cette valeur à la valeur totale créée en France. (Voir page 176 du Compte-rendu de 1840.)

2° *Industrie du fer.*—Le département de la *Haute-Saône* occupe le TROISIÈME RANG parmi tous les départemens de France pour cette puissante industrie, il n'a au-dessus de lui que la Haute-Marne et le département de la Côte-d'Or; encore celui-ci ne le prime-t-il que de la faible valeur de 82,658 fr. pour un produit qui excède huit millions. (Page 119 *id.*)

Le département *du Doubs* n'occupe que le *huitième rang*. (Page 118 *id.*)

La valeur totale créée en France par cette industrie du fer est de 127,484,726 fr. — Celle créée dans la Haute-Saône en est de près du 15e, et celle du Doubs de moins d'un 30e. Le rapport de la valeur créée dans la Haute-Saône et de celle créée dans le Doubs, à la valeur totale créée en France par l'industrie du fer, se représente ainsi : valeur totale, 1,000,000 fr. — Haute-Saône, 65,460 fr. — Doubs, 30,780 fr. (Pages 118 et 119 *id.*)

3° *Minerai.* La production du minerai de la *Haute-Saône*, de ce minerai tout à la fois si abondant et de qualité si supérieure, représente LE CINQUIÈME *de la valeur du minerai produit par toute la France,* tandis que celle du *Doubs* est imperceptible. — La *Haute-Saône*, en effet, a produit (d'après le compte-rendu pour l'année 1840 (page 109), et ce chiffre est plus fort dans les comptes précédens) 1,015,375 quintaux métriques de minerai, tandis que le Doubs n'en a produit que 105,440 quintaux métriques. — La valeur totale du minerai produit par la France n'est que de 8,536,492 fr., dont 1,720,623 fr., c'est-à-dire le 5e, appartient à la production de la Haute-Saône. Sur la quantité de 1,015,375 quintaux métriques produits par la Haute-Saône, ses usines n'en ont consommé que 801,961 quintaux métriques. (Voir le même volume, page 158.) Elle en a donc exporté 213,414 quintaux métriques. On sait que la Côte-d'Or s'alimente d'une grande quantité de nos minerais excellens, dont le mélange avec les siens, de médiocre et de mauvaise qualité, est indispensable. On en transporte une très-grande quantité, *et par terre*, de l'arrondissement de Gray dans l'arrondissement de Lure, dans les usines situées sur le tracé du chemin de fer. Enfin, il faut noter encore que l'épuisement des gîtes connus de minerai de fer dans le département du Haut-Rhin a amené la ruine des fourneaux établis dans ce département, en telle sorte que, par l'effet de cette pénurie de minerai, il ne reste plus, dans le Haut-Rhin, que deux fourneaux en activité, ceux de Lasselle et de Massevaux (même compte-rendu, page 20). N'est-ce pas là un objet de transport assuré pour le chemin de fer?

Houille. —On a vu, dans le tableau des produits minéralogiques, que le pro-

3

duit des combustibles minéraux de la Haute-Saône est évalué à 300,000fr., et celui du Doubs à 74,813 fr. seulement. Les houillères de la Haute-Saône sont, en effet, plus nombreuses et plus productives que celles du Doubs : outre celles de Ronchamp, de Gouhenans, de Corcelles et Gémonval, et d'Athesans, trois nouvelles demandes en concession s'instruisent en ce moment pour les communes de Vy-les-Lure, de Mourière et de Fallon. — D'après le compte rendu par les ingénieurs des mines en 1838, pour les produits de 1837 (page 84), les trois houillères de Ronchamp, Gouhenans et Gémonval, ont fourni 175,125 quintaux métriques, dont 149,925 ont été consommés dans la Haute-Saône (à Héricourt, Villersexel, etc.), et 25,200 dans le Haut-Rhin. La Haute-Saône a consommé dans cette année (1837) 254,925 quintaux métriques, dont 80,000 quintaux métriques venaient de la Loire jusqu'à Gray, pour se répandre par les routes *de terre* sur les différens lieux de consommation. Que sera-ce quand les chemins de fer pourront opérer ces transports?

Notes, observations et développemens relatifs aux PRODUITS AGRICOLES. — 1° FROMENT. Il résulte des tableaux n°s 9 et 20 (page 24 et 40) de la Statistique agricole du nord-oriental de la France, publiée en 1840, que la *Haute-Saône* produit en froment (semence déduite) 642,693 hectolitres, valant 9,807,353 fr.; qu'elle en consomme 504,462 hectolitres; que, par conséquent, sa production excède sa consommation de 138,231 hectolitres, valant 2,214,307 fr.; tandis que le *Doubs* ne produit (semence déduite) que 337,916 hectolitres de froment, valant 5,670,861 fr.; qu'il en consomme 559,376 hectolitres; que, par conséquent, sa production est inférieure à sa consommation de 221,460 hectolitres, représentant 3,762,986 fr.

POMMES DE TERRE. — La *Haute-Saône* produit (semence déduite) 1,409,565 hectolitres de pommes de terre, et en consomme 1,446,966 hectolitres; tandis que le *Doubs* n'en produit (semence déduite) que 712,871 hectolitres, et n'en consomme que 735,681 hectolitres. La *Haute-Saône* en produit donc et en consomme moitié plus que le *Doubs*, c'est-à-dire sept cent mille hectolitres en plus. (Pages 24 et 46.)

AVOINE. — La *Haute-Saône* produit (semence déduite) 412,846 hectolitres d'avoine; elle en consomme 280,801 hectolitres. Sa production excède, par conséquent, sa consommation de 132,045 hectolitres, valant 958,730 fr. Le *Doubs*, au contraire, qui ne produit net que 395,261 hectolitres d'avoine, en consomme 403,387 hectolitres; en plus de sa production, 18,126 hectolitres, représentant une valeur de 133,506 fr. (Pages 24 et 46.)

Vignes. — La *Haute-Saône* a 13,594 hectares de vignes, produisant 1° 343,695 hectolitres de vin, d'une valeur de 5,194,730 fr.; 2° 8,452 hecto-litres d'eau-de-vie, d'une valeur de 438,659 fr. Sa consommation est de 220,495 hectolitres de vin et de 6,031 hectolitres d'eau-de-vie; par consé-quent la Haute-Saône produit au-delà de sa consommation 123,200 hectolitres de vin, d'une valeur de 1,840,127 fr., et 2,421 hectolitres d'eau-de-vie, va-lant 125,669 fr. (en tout 1,965,796 fr.), qu'elle exporte dans les départemens voisins, notamment dans l'Alsace, les Vosges, etc. (page 46). Les arrondissemens de Gray et de Vesoul en fournissent aussi, et *par transport de terre*, une grande quantité aux cantons industriels de l'extrémité orientale et septentrionale de l'arrondissement de Lure.

Le *Doubs* a 7,797 hectares de vignes, produisant 1° 172,647 hectolitres de vin, d'une valeur de 2,666,855 fr.; 2° 3,292 hectolitres d'eau-de-vie, valant 186,821 fr. Sa consommation est de 138,063 hectolitres de vin, et de 3,309 hectolitres d'eau-de-vie. Il produit dès-lors au-delà de sa consommation 34,584 hectolitres de vin seulement, d'une valeur de 526,106 fr. (page 24). La Haute-Saône a donc pour cet objet un avantage d'exportation sur le Doubs de 90,000 hectolitres de vin et 2,400 hectolitres d'eau-de-vie, valant 1,400,000 fr., quoique la Haute-Saône consomme 82,432 hectolitres de vin et 2,722 hecto-litres d'eau-de-vie *de plus que le Doubs*.

Bois. — La superficie totale des bois de la *Haute-Saône* est de 157,647 hec-tares, dont 7,119 hectares de bois de l'État, et 150,427 hectares de bois des *communes* et des *particuliers*. Les bois de l'État produisent 50,095 stères, d'une valeur de 255,890 fr.; et les bois des communes et des particuliers produisent 1,044,076 stères, d'une valeur de 5,628,133 fr. (pages 46 et 189 du volume cité de 1840). — Le *Doubs* a 131,437 hectares de bois (26,210 de moins que la Haute-Saône), savoir: 5,806 hectares de bois de l'État, produisant 56,488 stères, d'une valeur de 206,445 fr.; 125,630 hectares de bois des communes et des particuliers (24,797 hectares de moins que la Haute-Saône), pro-duisant 828,770 stères, valant en totalité 3,462,267 fr. (pages 24 et 187 du même volume). Les bois des *communes* et des *particuliers* produisent donc 2,165,866 fr. de plus dans la *Haute-Saône* que dans le *Doubs*. — La Statistique officielle ne fait pas connaître quelle est la quantité d'hectares de bois appar-tenant aux communes et celle appartenant aux particuliers; mais il résulte des documens fournis pour la Haute-Saône, par la Conservation des forêts, que, dans ce département, les 150,427 hectares formant le chiffre commun aux particuliers et aux communes, se répartissent ainsi qu'il suit : 1° 113,271 hectares aux communes, 2° 37,156 hectares aux particuliers. Cette proportion ne nous est pas connue pour le Doubs. Supposons qu'elle soit la même, c'est-à-dire 3/4 environ pour les bois des communes et 1/4 pour les bois des particuliers, il en résultera que *les communes de la Haute-Saône* auront sur ce point un avantage ou excédant de revenus d'environ 1,624,898 fr. sur *les communes* du département du *Doubs*.

PÂTURAGES. — Les chiffres de 11,846,883 fr. pour les produits en pâturages du département de la *Haute-Saône*, et de 12,589,551 fr. pour ceux du Doubs, que nous avons extraits du tableau n° 84 (pages 288 et 289 de la Statistique agricole de 1840), représentent les produits réunis et confondus des prairies naturelles et artificielles, et des pâtis, landes et bruyères. Les tableaux n° 9, page 24, et n° 20, page 46 du même volume, nous fournissent les détails suivans : 1° La *Haute-Saône* a 57,773 hectares de prairies naturelles, qui produisent annuellement 1,812,754 quintaux métriques de fourrage, d'une valeur de 9,063,770 fr., tandis que le *Doubs* a 95,203 hectares de prairies naturelles, qui ne produisent que 1,392,057 quintaux métriques de fourrage, valant 6,958,974 fr.; différence en plus pour la Haute-Saône, 420,697 quintaux métriques, d'une valeur de 2,104,796 fr. 2° La *Haute-Saône* a 14,559 hectares de prairies artificielles, qui produisent 598,035 quintaux métriques, d'une valeur de 2,259,533 fr.; le *Doubs* en a 13,563 hectares, qui produisent 405,003 quintaux métriques, d'une valeur de 2,055,574 fr.; différence en plus pour la Haute-Saône, 193,032 quintaux métriques, d'une valeur de 203,979 fr. (d'après l'évaluation sans doute trop faible de la Statistique officielle). Le produit réuni des prairies naturelles et artificielles donne donc à la Haute-Saône un avantage sur le Doubs de 613,729 quintaux métriques, d'une valeur de 2,308,775 fr. *Retenons ici, comme remarque capitale, que la Haute-Saône consomme sur place, dans l'intérieur du département,* les 2,410,789 quintaux métriques de fourrage que produisent ses prairies naturelles et artificielles, outre les pâtis, etc. (voir la Statistique citée, page 47), et nous concevrons déjà l'immense commerce qu'elle fait sur le bétail et les chevaux qu'elle élève pour les vendre (ainsi que nous allons le voir). 3° La Haute-Saône a 24,639 hectares en pâtis, landes et bruyères, et le Doubs en a 54,861 hectares. Le produit de ces pâtis, etc., n'est pas évalué dans les tableaux de détail de la Statistique (pag. 24 et 46). Cependant la Haute-Saône, qui a sur le Doubs, ainsi que nous venons de le voir, un avantage de 2,308,775 fr. pour le produit comparé de leurs prairies naturelles et artificielles, a un désavantage total de 742,688 fr.; d'où résulte que le produit des 24,639 hectares de pâtis, landes et bruyères de la Haute-Saône n'a été évalué qu'à 523,550 fr., tandis que celui des 54,861 hectares du Doubs l'a été à 3,475,023 fr. .

ANIMAUX DOMESTIQUES. — Le nombre des *taureaux, bœufs, vaches et veaux de la Haute-Saône* (nous négligeons le menu bétail; voir la Statistique pages 25 et 47) est de 153,427. (Ce nombre va toujours croissant, grâce aux progrès de l'agriculture.) Dans le *Doubs*, il n'est que de 127,215. — *Excédant pour la Haute-Saône*, 26,222. — Le nombre des *chevaux* dans la *Haute-Saône* est de 23,416. Dans le *Doubs*, il n'est que de 19,563. — *Différence en plus pour la Haute-Saône*, 3,953. (Pages 25 et 47.)

La valeur des animaux domestiques de la *Haute-Saône* est de 24,872,400 fr. Elle est dans le *Doubs* de 19,761,384 fr. — *Différence en plus pour la Haute-Saône*, 5,111,116 fr. (La Statistique parait avoir adopté un chiffre trop faible d'évaluation.)

VACHES, FROMAGES. *Remarque importante.* — Le nombre des vaches s'élève dans la Haute-Saône (page 47) à 60,678; leur produit n'est évalué qu'à 1,676,494 fr. (28 fr. par tête.) Le nombre des vaches du département du Doubs est de 62,673 (2,005 seulement de plus que dans la Haute-Saône), et leur produit est évalué à 4,149,399 fr.; 2,472,905 fr. de plus que celui des vaches de la Haute-Saône (66 fr. par tête, ou un produit près de deux fois plus fort). Cette différence énorme, et celle remarquée plus haut dans l'évaluation des pâturages, ne peut évidemment provenir que d'une cause : *c'est que les fromages entrent dans cette évaluation des produits; le département du Doubs ne pourra, par conséquent, pas compter une seconde fois et à part ses produits* EN FROMAGES, *puisqu'il lui en aura été fait état ici dans l'évaluation totale des produits agricoles de toute espèce des deux départemens.*

BŒUFS. — (Elève, Engrais et Commerce.)

Remarque également importante. — Nous avons déjà énoncé que la Haute-Saône consomme entièrement son immense récolte de fourrages, s'élevant, ainsi qu'on l'a vu d'après la Statistique (et au minimum), à 11,323,303 fr. Cela provient, *et c'est la preuve*, de ce que ce département se livre tout à la fois, avec le plus grand succès, et sur une grande échelle, à l'élève et à l'engrais du bétail, et à l'élève des chevaux. Ses bœufs sont recherchés sur tous les marchés pour la qualité de leur viande, qui reçoit sur les marchés de Poissy, par exemple, une prime de 10 francs et plus par quintal métrique. Depuis le mois de novembre jusqu'au mois de mars, on engraisse dans le département de 10 à 12 mille bœufs, que les fournisseurs de Paris et des départemens du nord viennent y acheter dans les foires multipliées et spéciales qui s'y tiennent dans les mois de janvier, février et mars. Ces bœufs sont expédiés *par grands convois* sur Paris et les départemens du nord.— Dans les mêmes mois de février, mars, avril, et commencement de mai, les engraisseurs et herbagers de la Seine-Inférieure, du Calvados, de l'Orne, de l'Aisne, du Nord, de la Belque, etc. etc., viennent acheter, sur les mêmes foires, de 12 à 15 mille bœufs qu'ils conduisent, *en pareils convois*, dans leurs pâturages. Ces 25,000 bœufs (terme moyen) représentent un poids transportable (en adoptant celui de la Statistique, quoique faible, page 47) de 9,025,000 kilogrammes, et une valeur de 4,850,000 fr. (si l'on s'arrête au chiffre de la même Statistique, 191 fr. par tête, chiffre trop faible; le prix moyen est au MINIMUM de 280 fr. par tête). Or, il est certain que rien n'est plus transportable, et que rien ne serait plus utilement et plus fructueusement transporté sur les chemins de fer que les bœufs, dont le transport ordinaire est si long, si dispendieux, et si dommageable, du reste, à ces animaux. Nous sommes donc parfaitement d'accord avec M. Parandier, lorsque, dans son mémoire général, pages 11 et 12, il soutient et démontre que ce transport serait une grande source d'alimentation du chemin de fer, lors surtout que l'on remarque que c'est à une époque donnée, en masse et par grands troupeaux, que voyagent et s'exportent les bœufs de la Haute-Saône, précisément sur la grande ligne des chemins de fer.

Nous négligeons ici le commerce et l'exportation que fait la Haute-Saône sur les autres bestiaux.

CHEVAUX. — (Élève et commerce.) — On a vu combien est grand le nombre des chevaux de la Haute-Saône. Le haras de Jussey, et les sacrifices que fait chaque année le département pour acquisitions de jumens percheronnes livrées à des éleveurs, produisent les plus heureux résultats. Dans un grand nombre de cantons, notamment dans ceux de Jussey, Vitrey, Combeaufontaine, Amance, Vauvillers et Port-sur-Saône, on élève un grand nombre de chevaux du pays, ou de chevaux que nos éleveurs vont acheter, à l'âge de huit ou dix mois, dans la Suisse, l'Alsace et les montagnes du Doubs. Ils les élèvent jusqu'à l'âge de trente mois ou trois ans, et les vendent alors, savoir : 1° les chevaux *mâles* à de nombreux acquéreurs désignés sur nos foires et dans nos campagnes par le nom de *Parisiens*, qui conduisent ces chevaux à Paris et dans les départemens du nord, pour le service de l'artillerie et du roulage principalement ; 2° les *jumens* à des marchands de l'Auvergne, des Hautes et Basses-Alpes, de l'Isère et du Midi ; elles sont destinées à la production des mulets. C'est dans les mois de février, mars et avril que s'opèrent ces ventes : ce commerce est très-considérable. Nous n'avons pas en ce moment des chiffres assez exacts pour les produire ; nous les fournirons ultérieurement ; nous enregistrons seulement cet article de notre richesse départementale.

D'un autre côté, dans les cantons de Vesoul, Vitrey et Villersexel, il se fait un autre commerce non moins étendu et non moins important. De nombreux cultivateurs-marchands en partent pour aller en Allemagne, en Belgique, en Danemarck, en Suisse, en Alsace et en Lorraine, y acheter, pendant tout le cours de l'année, une très-grande quantité de chevaux qu'ils ne gardent jamais dans leurs écuries plus de quinze jours. Plusieurs villages de ces cantons, notamment celui de Pusey (à quatre kilomètres de Vesoul), sont comme des espèces de dépôts de remonte, où abondent constamment des marchands de la Côte-d'Or, de l'Ain, du Rhône, de la Loire, des Hautes et Basses-Alpes, et de tout le midi de la France, pour y acheter les chevaux que les habitans de ces communes sont eux-mêmes allés acheter aux lieux que nous avons indiqués. Ce sont ces marchands de chevaux, principalement ceux de Pusey, qui sont en possession de fournir, dans nos régions, les chevaux de remonte de l'artillerie. Nos chiffres, sur cette branche si importante de commerce, ne sont pas non plus encore recueillis avec assez de certitude, mais nous serons très-prochainement en état de les produire exactement.

SECONDE PARTIE DE LA STATISTIQUE.

Pour les productions et les richesses déjà explorées par le Gouvernement, et sur lesquelles il a publié des Statistiques, c'est-à-dire pour les produits agricoles et minéralogiques, nous avons cru devoir nous arrêter aux chiffres *officiels* que nous fournissent ces Statistiques ; ils démontrent assez déjà la supériorité incontestable du département de la Haute-Saône sur le département du Doubs. Mais le tableau n'est pas complet : il faut qu'il soit achevé, parce que notre supériorité industrielle et commerciale sur notre rival en ressortira plus victorieuse encore. Ce travail demande du temps et des investigations longues et consciencieuses ; nous nous occupons et nous nous occuperons sans relâche à l'achever : il le sera assez tôt, nous l'espérons, pour pouvoir être soumis, à temps utile, à la Commission d'enquête, au Gouvernement et à tous les intéressés. Nous allons nous borner à indiquer ici une partie de ces élémens de richesse et de supériorité, d'après les données et les renseignemens déjà préparés et recueillis par l'Administration.

FILATURES DE COTON ET DE LAINE, FABRIQUES D'ÉTOFFES DE COTON ET DE LAINE. — Sur la ligne même que doit parcourir le tracé du chemin de fer par la Haute-Saône se trouvent réparties, 1° les nombreuses filatures de coton, de laine et de crin de *Bithaine*, *Breuches*, *Couthenans*, *Héricourt*, *Luxeuil*, *Citers*, *Gray*, qui, d'après les chiffres les plus faibles, emploient 2,134 ouvriers, consomment 1,331,000 kilogrammes de matières premières, valant 2,803,000 fr., et produisent 1,064,000 kilogrammes de coton ou laine filée, d'une valeur de 3,626,000 fr.   3,626,000

2° Les nombreuses fabriques et tissages de coton et de laine de *Palante*, *Saint-Loup*, *Miellin*, *Béverne*, *Héricourt*, *Melisey*, *Quers*, *Vy-les-Lure*, *Chagey*, *Champey*, *Chenebier*, *Clairegoutte*, *Faucogney*, *Frahier*, *Frédéric-Fontaine*, *Fresse*, *Plancher-Bas*, *Saulnot*, *Ternuay*, *Vyans*, *Champagney*, *Couthenans*, *Servance*, *Ronchamp*, etc., qui, toujours d'après les évaluations les plus faibles, emploient 6,000 ouvriers, consomment 3,475,840 kilog. de matières premières, d'une valeur de 4,575,320 fr., et produisent 9,419,950 mètres de calicots, percales, siamoises, jaconnats, schals, mouchoirs et toiles peintes, etc., d'une valeur de 6,963,714 fr.   6,963,714

Ces produits se dirigent vers Paris, le Hàvre, le midi de la France et l'Amérique. Quelle énorme ressource d'alimentation ne trouverait pas là le chemin de fer dans le transport et des matières premières et des produits fabriqués !

Le département du Doubs n'offre point de produits analogues.

EAUX-DE-CERISES OU KIRSCHWASSER. — 3° Le département de la *Haute-Saône* produit la plus grande partie du kirschwasser ou eau-de-cerises de France. Cette production grandit et augmente tous les ans. C'est principalement dans les cantons de Luxeuil, Saint-Loup, Champagney, Vauvillers, Melisey, Villersexel, voisins du chemin de fer par le tracé de la Haute-Saône, qu'elle est concentrée. On en consomme fort peu dans le département. Ces eaux-de-cerises sont transportées dans toute la France et à l'étranger. La valeur de cette production est au moins de 2,000,000 fr............   2,000,000

MOULINS DE COMMERCE. — Le département de la Haute-Saône compte un très-grand nombre de magnifiques moulins de commerce, où viennent se transformer en farines, pour être transportés au loin, les blés que ce département produit en si grande abondance et ceux qui y sont amenés en très-grande quantité de la Haute-Marne et de la Lorraine. C'est une branche immense de commerce pour la Haute-Saône. Les élémens nous manquent aujourd'hui pour la faire connaître avec précision dans toute son importance. Nous nous bornerons à énoncer des chiffres officiels, en disant que, dans les seuls moulins de *Gray*, de *Savoyeux*, de *Luxeuil*, de *Saint-Loup* et de *Port-sur-Saône*, on moud, au *minimum*, 242,200 hectolitres de blé, d'une valeur de 4,557,750 fr., produisant 17,625,000 kilogrammes de farine, d'une valeur de 5,411,250 fr.......................................   5,411,250
représentant une valeur créée de 853,500 fr. Que sera-ce quand on ajoutera à ces chiffres le produit de toutes les autres usines, *plus nombreuses*, de même nature, notamment de celles, si importantes, de *Scey-sur-Saône*, *Soing*, *Faverney*, *Héricourt*, *Corre*, *Conflans*, *Maussans*, *Vesoul*, etc. etc.? Quelle alimentation puissante pour le chemin de fer, surtout si l'on considère, 1° que la Suisse est loin de produire du blé pour sa consommation, et que déjà la Haute-Saône y en exporte des siens ; 2° que les farines redoutent plus encore que les blés les transports par eau, à cause des avaries, des lenteurs et des saisons de chômage; qu'elles devraient donc, ainsi que les blés, user souvent de la voie sûre et accélérée des chemins de fer. Qu'il nous soit permis, à l'appui de cette assertion, d'invoquer l'autorité de l'opinion du Ministre du commerce, dans son rapport au Roi du 30 mai 1840, sur les Statistiques agricoles. Après avoir établi que,

dans les 43 départemens qui forment la région de la France orientale, la différence entre la quantité des céréales produites par ces départemens et celle qui y est consommée n'est que de 1,300,000 hectolitres, c'est-à-dire moins d'un 52ᵉ de la consommation, et que cette différence est la somme des importations qui ont lieu dans cette partie de la France, il ajoute (page 27) : « Ces chiffres expliquent comment un faible déficit « dans la récolte affecte rapidement et fortement les prix des « grains, et fournit des motifs plausibles ou spécieux pour les « élever, sans qu'il y ait néanmoins le moindre fondement à « redouter une disette. *Ils établissent enfin la nécessité de main-* « *tenir* AVEC VIGUEUR *la libre circulation des céréales à l'intérieur,* « *et de* LA FACILITER *par des moyens de communication et de* « *transport plus étendus,* PLUS RAPIDES *et à meilleur marché.* »

PAPETERIES.—Nos magnifiques *papeteries,* dont trois surtout, celles de *Saint-Bresson,* de *Raddon,* de *Plancher-Bas* (dans l'arrondissement de Lure), rapprochées du chemin de fer par le tracé de la Haute-Saône, méritent d'être comptées parmi les plus importantes de la France, non-seulement pour le grand nombre d'ouvriers qu'elles occupent, mais encore pour la beauté de leurs produits, qui s'élèvent annuellement à 218,000 kilogrammes de papiers fins, mi-fins, collés et d'impression, d'une valeur de 283,900 fr. (Paris et l'Allemagne sont les principaux débouchés de ces beaux établissemens.)   283,900

TANNERIES. — Nos *tanneries,* si nombreuses (au moins 80), mériteront un chapitre particulier dans la statistique industrielle complète qui sera ultérieurement produite. Nous nous bornerons à citer ici pour exemple les huit tanneries de la ville d'Héricourt seule, qui produisent 210,000 kilogrammes de cuirs forts, d'une valeur de 700,000 fr.   700,000

SUCRERIES. — Nos *fabriques de sucre.* Quatre subsistent encore : celles d'Arc, de Vellexon, de Queutrey et de Courcelles. Celles d'Arc et de Vellexon seules produisent 307,000 kilog. de sucre, d'une valeur de 252,500 fr.   252,500

SERRURES, VIS-A-BOIS, CARRÉS DE MONTRE, ET AUTRES OUVRAGES EN FER. — Le département de la *Haute-Saône* possède au-delà de 5o établissemens où l'on fabrique un grand nombre d'articles *en fer et en laiton*, tels que clouterie, chaînes, cuillers et fourchettes, serrurerie, etc. La commune de Plancher-les-Mines seule (voisine du chemin de fer par la Haute-Saône) renferme trois fabriques importantes et renommées pour la perfection de leurs produits, qui consistent principalement en vis-à-bois, serrures de toutes dimensions, limes et carrés de montres (ce dernier article s'élève annuellement à 3,888,000 carrés, au minimum, dont les deux tiers sont emportés pour être vendus en Suisse, en Allemagne, en Hollande, en Italie, en Amérique). Ces trois fabriques occupent à elles seules 465 ouvriers, et produisent des objets en valeur de 642,000 fr. .   642,000

Les établissemens de Plancher-les-Mines, ainsi que tous ceux analogues du département de la Haute-Saône, n'ayant pas besoin d'autorisation de l'Administration pour s'établir et n'étant pas soumis à l'inspection et à l'investigation des ingénieurs des mines, les produits de ces établissemens ne figurent pas dans les comptes rendus par les ingénieurs des mines que le Ministère des travaux publics fait paraître annuellement, et dont nous avons donné un extrait dans le tableau des richesses minéralogiques du département de la Haute-Saône.

FABRIQUES DE CHAPEAUX, DE TRESSES ET DE TAPIS DE PAILLE. — La fabrication des *chapeaux de paille* et de tous les ouvrages en paille tressée est particulière au département de la Haute-Saône; elle fait la richesse d'un grand nombre de communes. Ses produits sont transportés dans toute la France, même à l'Etranger; une très-grande quantité s'expédie par le roulage sur Paris. Les fabriques de chapeaux de paille sont au nombre de 80. Une seule, à Saint-Loup, celle de M. Nardin, livre annuellement au commerce 80,000 chapeaux. Les fabriques de paille tressée sont au nombre de 30.

MERRAINS. — La fabrication et le commerce, si considérable, de *merrains,* dont la Haute-Saône, concurremment avec une partie du département des Vosges et de l'Alsace, est en possession d'alimenter tout le midi de la France.

FABRIQUES DE DROGUET. — Les fabriques nombreuses de *droguet* (plus de 20), dont les produits se transportent en grand nombre hors du département, notamment en Alsace.

VERRERIES ET FAÏENCERIES. — Nos *verreries*, nos *faïenceries* et *poteries*, dont les produits, que nous avons vus (dans la Statistique minéralogique) s'élever à plus de 1,100,000 fr., se transportent par toute la France, et qui prendraient certainement, pour la plus grande partie, la voie des chemins de fer.

MEULES A AIGUISER, BOIS DE MARINE, GRANITS ET MARBRES, etc. — Et nos nombreuses *bonneteries*, nos *huileries*, nos *gypseries*, nos *scieries à planches*, nos *féculeries*, nos *fabriques de pompes à incendie*, de cordes, de chapeaux de feutre et de soie.

Les *meules à aiguiser*, dont le département de la Haute-Saône. fournit une grande partie de la France; nos *pierres meulières*, nos *bois de marine*, de construction et de service pour meubles, dont l'exportation est si considérable.

Les *granits*, les *porphyres*, les *marbres* et autres magnifiques roches qui constituent la chaîne des Vosges dans l'arrondissement de Lure : elles ont été exploitées à plusieurs époques; deux le sont encore en ce moment. Des moyens de transport prompts et économiques permettraient de livrer aux artistes et constructeurs de Paris et de nos grandes villes, les matériaux dégrossis pour les sculptures, décors et ornemens de toute espèce. Il faudra en dire autant des *grès*, dont les gisemens les plus puissans existent principalement dans les cantons d'Héricourt et de Villersexel, où plusieurs carrières en sont déjà ouvertes. Ces grès doux, du blanc au rouge, sont éminemment réfractaires, et sont exportés pour les arts métallurgiques. L'art architectural y trouvera de puissans auxiliaires pour toutes constructions, et particulièrement pour les grandes formes de monumens publics.

Des dalles nombreuses de ces mêmes grès sont tous les jours expédiées sur Paris pour être employées en ornemens de cheminées, etc. etc.

MINES DE SEL. — Nos *mines de sel* inépuisables, placées, comme nous l'avons dit, sur la ligne du chemin de fer, qui vont incessamment alimenter, non-seulement les départemens voisins, le Haut-Rhin, le Bas-Rhin, la Côte-d'Or, la Haute-Marne, etc., mais la Suisse, dans laquelle notre saline de Gouhenans, pendant les quelques années où elle a été exploitée, versait déjà des quantités de sel considérables. A quoi il faut ajouter les produits chimiques, accessoires importans de la fabrication du sel, qui alimenteront nos manufactures, principalement celles de l'Alsace, et dont la compagnie des salines de l'Est avait monopolisé jusqu'à ce jour la fabrication dans l'établissement de Dieuze.

Nos *fers-blancs* et nos *fils de fer* demandent une mention particulière. Pour la fabrication du *fer-blanc*, le département de la Haute-Saône occupe le *premier rang* dans toute la France; pour celle du *fil de fer*, il occupe le *troisième rang*. (Comptes rendus par les ingénieurs des mines.) Les produits de ces deux industries se répandent dans la majeure partie de la France, et jusqu'à Paris, presque toujours par la *voie de terre*, parce que ces produits ont une grande valeur par rapport à leur poids et à leur volume. Ils fourniraient certainement un aliment notable au chemin de fer qui traverserait le département de la Haute-Saône.

Notre *immense commerce de chevaux et de bestiaux*, notamment le transport, dans l'espace de trois à quatre mois consécutifs, de nos 25,000 bœufs à Paris, dans le département du Nord et dans les départemens herbagers.

BEURRES ET FROMAGES. — Nos *beurres* et nos *fromages* des cantons de Melisey, Luxeuil, Saint-Loup, Faucogney, qui se transportent au loin, les fromages surtout, à Lyon, Paris, dans la Bourgogne, la Champagne, concurremment avec ceux *beaucoup plus considérables* encore produits par les montagnes des Vosges, *et qui tous traversent nécessairement le département* de la Haute-Saône, principalement à Lure et à Vesoul.

EAUX THERMALES. — Nos importantes *eaux thermales de Luxeuil.*

VILLE DE GRAY. — Enfin, pour couronner toutes ces richesses, se présente la *ville de Gray*, l'un des ports et l'une des places les plus importans de France; la ville de Gray, de laquelle il suffit de dire que le mouvement commercial annuel de son port est de 202,000 tonnes, dans la seule direction du nord au midi et du midi au nord, et que ce mouvement prendra nécessairement un accroissement immense, quand le port de Gray aura des débouchés avec Paris et l'Allemagne, quand il sera (dans un an) tête de navigation à la vapeur, et quand la Saône se réunira, par des canaux, à la Marne, à la Meuse et à la Moselle, et, par le rail-way, avec le Rhin.

N'est-il pas évident, d'après ces indications sommaires, que le département de la *Haute-Saône* est un des plus favorisés par la nature, un des plus avancés dans l'industrie, un des plus riches et des plus producteurs de toute la France, et qu'il laisse surtout bien loin derrière lui le département du *Doubs ?*

N'avions-nous pas droit et raison de dire que *celui-ci est tout dans Besançon*, et que s'il n'avait pas cette oriflamme à porter si haut, à exposer aux regards avec tant d'ostentation, il n'oserait pas essayer de soutenir le parallèle avec le département de la Haute-Saône? Nous ne voulons certes pas contester l'importance de la ville de Besançon : nous demandons seulement qu'on ne l'exagère pas outre mesure; nous demandons, encore une fois, que l'on ne réduise pas la question à ces termes, dans lesquels on s'efforce de la resserrer : Besançon, chef-lieu du département du Doubs, est-il plus important, peut-il offrir plus de ressources à l'alimentation d'un chemin de fer que Vesoul, chef-lieu du département de la Haute-Saône ? Nous demandons que tous les poids soient mis dans la balance, et non pas un seul; que le département de la Haute-Saône tout entier y soit placé d'un côté, et le département du Doubs tout entier de l'autre; que l'on se demande tout à la fois par laquelle de ces deux lignes rivales le chemin de fer trouvera le plus de ressources, et par laquelle il développera et vivifiera la plus grande somme de richesses, pour en augmenter la grande richesse nationale. La question ainsi posée, et c'est ainsi qu'elle doit l'être, le succès du département de la Haute-Saône ne peut pas être douteux devant des juges éclairés et impartiaux.

QUE L'ON SE RAPPELLE BIEN, 1° que les *produits agricoles et minéralogiques* du département de la Haute-Saône surpassent de 18 *millions* ceux du Doubs; que la *population* du département de la Haute-Saône, sur une étendue de territoire à peu près la même que celle du Doubs, est d'un quart environ plus forte : 343,298 habitans pour la Haute-Saône, 276,274 pour le Doubs; donc 67,024 habitans de plus pour la Haute-Saône (cela doit être compté); que dans la Haute-Saône la population est de 6,465 habitans par myriamètre carré, tandis que, dans le Doubs, elle n'est que de 5,620 habitans; qu'ainsi la Haute-Saône offre au mouvement et à l'exploitation des chemins de fer, 845 habitans par myriamètre carré de plus que le Doubs. Que l'on ne perde pas de vue d'ailleurs que cette différence de population est bien plus grande encore sur la ligne que parcourt le tracé du chemin de fer dans l'un et l'autre département. Dans la vallée du Doubs, en effet, le chemin est enfoui et emprisonné entre la rivière et de hautes montagnes, où les villages sont rares, et il est presque inabordable pour les populations latérales, pendant la saison d'hiver surtout; tandis que le tracé de la Haute-Saône traverse une vallée largement ouverte, riche et populeuse, sur laquelle, dans un rayon de trois kilomètres seulement, se pressent plus de cent communes rurales.

2° Que le *tracé par le Doubs ne traverse que deux villes*, Besançon et Montbéliard, tandis que le tracé par la Haute-Saône traverse Gray, Vesoul et Lure, dont la population réunie est de 18,963 habitans; qu'il faut y ajouter celle de Belfort, que traverse notre ligne et dont s'éloigne celle de Besançon; ce qui porte à plus de 26,000 habitans la population *urbaine* desservie par le chemin de la Haute-Saône.

3° Que la population de la Haute-Saône, si incomparablement plus riche, plus industrieuse et plus commerçante que celle du Doubs, est, par conséquent, nécessairement *plus voyageuse que celle-ci*, dont la grande partie se trouve, pendant quatre ou six mois de l'année, emprisonnée dans les neiges qui couvrent ses montagnes et les rendent inabordables, et que ces neiges rendraient aussi beaucoup plus difficile, sinon impossible, le parcours du chemin.

4° Que le *mouvement industriel et commercial de la Haute-Saône*, ce mouvement occasionné par la multiplicité si grande des branches de commerce et d'industrie qui ne se concentrent pas sur un seul point, mais qui couvrent, ainsi qu'on a pu en juger, tout le territoire; que ce mouvement, disons-nous, incomparablement plus grand que celui du Doubs, doit fournir nécessairement une bien plus grande quantité de voyageurs. (Nous rappelons encore l'immense mouvement d'affaires du port de Gray, 202,000 tonnes, et le nombre incalculable de voyageurs que ce commerce colossal doit amener dans cette ville.)

5° Que *toute la Lorraine*, cette riche contrée, n'a d'autre débouché pour arriver dans le centre et dans le midi de la France, avec lequel surtout elle fait un si grand commerce d'échange, et réciproquement le Midi pour arriver dans la Lorraine, que par la Haute-Saône : d'une part par Gray et Jussey, d'autre part par Gray et Vesoul, où va désormais se fixer le passage presqu'exclusif des Vosges, par la superbe voie de communication qui, partant de Vesoul, va, en plaine, jusqu'à Saint-Loup, et de là jusqu'à Remiremont, etc. ;

Que le département de la Haute-Saône, que Vesoul principalement est le point de passage de tout le Midi, de tout le centre de la France pour les eaux de Luxeuil, de Plombières, de Bains, de Contrexeville, de Bussang; que Lure est le même point de passage pour l'Alsace, la Suisse et l'Allemagne, etc.

6° Que le chemin par le Doubs et que Besançon, au contraire, adossés à la frontière de Suisse, et fermés, de ce côté, par des montagnes inaccessibles, couvertes de neiges une grande partie de l'année, ne peuvent servir qu'à un bien moins grand nombre de voyageurs; que c'est ainsi que Besançon n'a point de communications, de messageries directes pour Bâle d'un côté, ni pour Lausanne et Genève de l'autre, et que Mulhouse et Vesoul d'un côté, Dole de l'autre, reçoivent, à l'exclusion de Besançon, les voyageurs qui vont et viennent de Suisse en France ou de France en Suisse.

7° Que l'on ne perde pas de vue enfin que, si l'on adopte pour l'établissement des chemins de fer le principe annoncé, et qui paraît aussi utile que juste, à savoir que les communes qui seront traversées par le chemin de fer, ainsi que celles qui en retireront un avantage plus direct, seront appelées à concourir à sa confection, aucun département ne peut fournir, sous ce nouveau rapport, des ressources plus certaines que celui de la Haute-Saône, lorsqu'on voit que ses communes possèdent, rien qu'en bois communaux de grande valeur, plus du cinquième de la superficie territoriale du département, 113,271 hectares, sur 530,990 ; d'un produit de plus de 4,000,000 fr., qui donne, comme on l'a vu, un excédant de 1,624,398 fr. sur les revenus analogues des communes du Doubs (sans parler des autres revenus communaux en rentes sur l'Etat, prés, pâtis, etc.). Cette richesse des communes de la Haute-Saône a produit avec éclat ses merveilleux effets : pour n'en citer qu'un, qui peut trouver utilement sa place ici, le département de la Haute-Saône compte 1,042 écoles, dont 889 sont communales, et fréquentées par 59,132 élèves, c'est-à-dire le 6ᵉ de la population, *proportion plus élevée que dans aucun autre département* : aussi des 651 communes de la Haute-Saône, 11 seulement se trouvent-elles, quant à présent, privées de maisons d'école.

Nulle part les voies vicinales (les rapports annuels du Ministre de l'intérieur au Roi en font foi) ne sont plus nombreuses et en meilleur état que dans la Haute-Saône. Les vingt lignes classées y seront amenées à *l'état d'entretien* à la fin de 1842, ainsi que le dernier rapport au Roi, du 16 décembre 1840, en fournit la preuve (page 214).

AINSI, *richesses minéralogiques, agricoles, industrielles, commerciales, plus étendues, population plus grande, plus agglomérée, plus active, mouvement plus grand de voyageurs, communes plus riches, intérêts d'un beaucoup plus grand centre, d'un beaucoup plus grand nombre de départemens desservis et vivifiés par le tracé de la Haute-Saône que par celui du Doubs : voilà, sous ce point de vue de la question, ce qui doit nous assurer la préférence sur nos rivaux.*

Ajoutons enfin, pour compléter notre démonstration, que, le tracé par la Haute-Saône étant adopté, l'importance de Besançon et *les considérations militaires elles-mêmes* qui ne permettent pas que le tracé suive la vallée du Doubs, détermineraient sans doute l'établissement d'un embranchement sur Besançon, lequel relierait dans un seul faisceau cette place, Belfort et Langres, et qu'alors, d'un côté, Besançon verrait tous ses intérêts sauvés, et aurait l'avantage immense d'être tête de chemin ; tandis que, d'un autre côté, la prospérité du chemin de fer serait d'autant plus assurée qu'il réunirait aux ressources immenses d'exploitation que lui offre le tracé par la Haute-Saône, celles *presque entières* que lui présenterait le tracé par le Doubs, avantage énorme, que le tracé par le Doubs ne pourrait pas offrir, et *qu'il détruirait au contraire*.

CONTREBANDE. — Il est cependant encore une dernière considération sur laquelle nous voulons en deux mots appeler l'attention toute spéciale du *Gouvernement* : car elle touche essentiellement tout à la fois aux intérêts du *Trésor* et à ceux du *commerce national*.

On sait, en effet, quelle guerre acharnée la contrebande fait à ces deux classes d'intérêts de premier ordre; on sait aussi que c'est sur les frontières de Suisse que cette guerre a choisi son principal terrain. Or conçoit-on que l'on puisse avoir sérieusement la pensée d'établir un chemin de fer sur une lisière aussi étendue et à une distance aussi peu éloignée de cette frontière que le serait le chemin par la vallée du Doubs? Quoi! le chemin de fer à quelques heures, à une heure quelquefois et moins de cette frontière de Suisse! Ce chemin de fer *entre la frontière et la seconde ligne de douanes!* Les contrebandiers arrivant en un instant de la frontière à la station, à la minute indiquée pour le passage du convoi, se mêlant au milieu de la foule des voyageurs empressés d'entrer dans les wagons, qui ne séjournent à la station que le temps imperceptible de laisser descendre les uns et monter les autres, et de là emportés en quelques heures, en quelques instans, en lieu de sûreté, à l'abri de toutes les investigations! Non : cela est inadmissible; le Gouvernement ne peut pas autoriser chose pareille; il ne peut pas choisir un tracé qui ajoute ce danger et cette impossibilité à tant d'autres!

Notre cinquième proposition, à savoir que le tracé par la Haute-Saône dessert des intérêts territoriaux beaucoup plus nombreux que ceux du Doubs, a reçu sa démonstration, en même temps que la quatrième. Nous nous hâtons donc d'aborder la sixième et dernière proposition : *le tracé par la Haute-Saône offre des avantages incalculables sur celui du Doubs, sous le rapport des dépenses* RÉELLES *et des difficultés* VRAIES *soit de construction, soit d'exploitation.*

COMPARAISON

DES PROJETS DE MM. LEGROM ET PARANDIER

SOUS LE RAPPORT DES DÉPENSES.

Pour comparer les dépenses prévues dans les projets de MM. Legrom et Parandier, il faut que l'un des deux serve d'unité. Si c'est le plus faible, cette comparaison ressortira, par la suppression dans le plus fort, des dépenses que ne contiendra pas son rival ; si, au contraire, on adopte le plus fort pour terme de comparaison, il suffira d'ajouter au plus faible les dépenses, utiles ou non, comprises dans le plus fort. C'est ce dernier parti que nous croyons le plus convenable d'adopter. En fixant ainsi les estimations des deux projets sur des bases identiques, la comparaison de leurs totaux deviendra concluante ; sans ce travail préliminaire, elle serait inconséquente ou perfide.

Au premier coup-d'œil, le projet de M. Parandier parait pouvoir se réaliser avec une somme moindre que celui de M. Legrom. En parcourant les devis, cette apparence semble prendre de la consistance, et se fortifier même par la comparaison de la quantité de déblais et de remblais à effectuer dans les deux projets. Un examen plus attentif amène à des conclusions contraires. Les terrassemens sont évalués à 7 millions de mètres cubes dans l'un et à 12 millions dans l'autre : pourquoi cette énorme différence ? M. Parandier essaie de l'expliquer dans son Mémoire (page 39). C'est, dit-il, « *parce qu'on* ne rencontre sur la « ligne qu'une seule tranchée et un seul remblai de 19 mètres de hauteur, « dans la partie comprise entre Mulhouse et Valdieu, communs avec le tracé « de la Haute-Saône ; *parce que*, sur tout le reste de la ligne, les plus grands « déblais atteignent rarement 16 mètres de hauteur, et sur de faibles lon- « gueurs aux abords des percemens, et les remblais à peine 12 mètres, « tandis que généralement on rencontre sur les chemins exécutés des tran- « chées de 25 mètres de hauteur et des remblais qui vont jusqu'à 22 mètres.

« On voit donc, ajoute-t-il, qu'en augmentant les tranchées sans dépasser
« les dépenses en terrassemens des chemins exécutés, on parviendrait facile-
« ment à améliorer le tracé sous le rapport des alignemens et des pentes, et
« à gagner sur toute la ligne un développement de plusieurs kilomètres. »

Cette prétendue explication mérite la plus grande attention, 1° parce qu'elle
attribue à la faible quantité de terrassemens portée dans le projet de M. Parandier *des causes qui ne sont pas vraies* : c'est ce que nous démontrerons un
peu plus tard ; 2° parce qu'elle contient *un aveu important* dont nous devons
demander acte.

La dernière phrase que nous venons de citer fait ressortir évidemment la
crainte qu'a M. Parandier d'augmenter les dépenses de son tracé. En rendant
plus profondes les tranchées, dit-il, il parviendra à diminuer les longueurs et
les pentes. *Pourquoi n'augmente-t-il pas de suite ces tranchées, ou pourquoi
ne les a-t-il pas augmentées déjà dans son projet ?* Son tracé est-il trop plain,
trop court ?

Mais M. Parandier a fait, dans la rédaction du projet qui nous occupe, ce
qu'il a pu, et ce qu'il a pu n'est pas la perfection. C'est ce qu'il prend la peine
de dire lui-même dans ce que nous venons de citer ; puis il ajoute : « Une fois
« les points principaux d'un tracé bien déterminés (page 36), on peut agran-
« dir les alignemens et les rayons de courbure en augmentant les dimensions
« des terrassemens et ouvrages, et par conséquent la partie des dépenses qui
« leur correspond. » Voilà qui complète l'aveu de M. Parandier, et qui rend
plus apparentes encore les appréhensions qu'il éprouve de voir contester la
possibilité de réaliser et d'exploiter la ligne qu'il a projetée.

On peut donc ainsi traduire sa pensée : Le projet de passage d'un chemin de
fer par la vallée du Doubs est extrêmement difficultueux et par conséquent
très-dispendieux ; celui par la Haute-Saône est facile et peu coûteux. Pour obtenir la préférence sur ce dernier, réduisons nos dépenses autant que possible ; dissimulons-en même quelques-unes, et plus tard, si le chemin n'est
pas exploitable, le Trésor public s'ouvrira, et nous y puiserons les fonds nécessaires pour rendre notre chemin meilleur. Nous serons à l'abri du reproche
d'imprévision, *parce que nos craintes auront été enregistrées dans notre Mémoire.* L'ingénieur qui raisonne ainsi mérite-t-il d'être écouté ; et la partie de
son projet *qui ne peut être vérifiée que par l'application des tracés sur le terrain,
ne doit-elle pas éveiller l'attention du Gouvernement,* si nous démontrons surtout que cette faible quantité de terrassemens que M. Parandier veut faire ap-

paraître et justifier dans les phrases que nous venons de citer, n'est que chimérique et purement arbitraire ? Un projet rédigé *avec de pareilles réticences et des estimations aussi élastiques* peut-il servir de base au jugement qui doit intervenir dans le débat qu'il soulève sur la question d'utilité publique de faire passer le chemin de fer joignant Mulhouse et Dijon , par le Doubs, à l'exclusion de la ligne étudiée par la Haute-Saône ?

TERRASSEMENS. — Nous allons maintenant nous occuper de rechercher la *véritable cause* de la faible quantité de terrassemens comprise dans l'estimation de la ligne passant par le Doubs, et démontrer que M. Parandier l'a déguisée en la présentant comme la conséquence de l'absence de longues et fortes tranchées.

C'est l'expérience de M. Parandier qui l'a guidé pour déterminer l'inclinaison à donner aux déblais et aux remblais; ce sont aussi ses sondages qui lui ont fait reconnaître leur nature (page 41 du *Mémoire général*), et cette expérience, ces sondages lui ont fait adopter comme moyenne pour la base des talus 0^{m}60 pour 1^m de hauteur (1). C'est ici qu'apparaît la vraie cause de la faible quantité de terrassemens portée au devis de M. Parandier, et c'est ici que l'on sent la nécessité de mettre en présence les deux projets rivaux; c'est ici encore qu'il faut faire connaître à nos juges que M. Legrom, ingénieur aussi expérimenté que M. Parandier, mais moins confiant que lui dans ses suppositions, n'a pas cru devoir adopter une base moyenne moindre de 2^{m}50 pour 1^{m}00 de hauteur pour ses déblais et ses remblais, c'est-à-dire une base plus que quadruple de celle de M. Parandier. Et cependant les remblais de M. Legrom ne sont pas, comme ceux de M. Parandier, presque continuellement tangens aux courbes d'une rivière; ils ne sont pas assis au pied de montagnes rapides , sur le versant desquelles les ravins, coulant avec violence, heurteront obliquement ou directement leur base, et la mineront profondément. Ils ne sont pas placés dans une vallée où , quelque soin qu'on prenne pour les préserver de pareils accidens par de chétifs enrochemens, comme ceux prévus par M. Parandier,

(1) Il est vraisemblable que ce sont les mêmes élémens qui ont servi aux ingénieurs du Doubs dans la fixation de l'inclinaison des talus ménagés dans les tranchées de la rectification de la route de Morre, dans la partie dite *le Trou-au-Loup*. Les dépenses relatives aux terrassemens de cette route ont déjà doublé les prévisions, et néanmoins chaque jour la vie des voyageurs est menacée par les éboulemens de toute espèce qui s'effectuent dans ce passage. Ces éboulemens sont causés par la trop faible base qui a été donnée aux talus.

les éboulemens seront continuels; et, tout le monde le sait, les éboulemens, par les chômages qu'ils nécessitent et les accidens qu'ils causent, sont la véritable plaie des chemins de fer. Il faudrait donc, en adoptant le tracé passant par le département du Doubs, augmenter la base des talus fixée par M. Parandier, et la rendre au moins semblable à celle adoptée par M. Legrom ; il faudrait donc aussi augmenter proportionnellement les dépenses. Qu'on ne vienne pas dire que les terrains sont différens dans les deux tracés, et que les roches qu'on rencontre dans la vallée du Doubs peuvent se couper à pic, tandis que celles de la vallée de la Haute-Saône ne se maintiennent qu'avec des talus à très-larges bases. Cette objection ne serait pas même subtile : car, si les travaux de terrassemens ne sont pas de même nature dans les deux projets, s'ils s'effectuent dans des argiles ou des marnes dans la Haute-Saône, et dans des rocs vifs dans le Doubs, *les prix d'unité doivent différer notablement dans les deux projets, et c'est ce qui n'existe pas, puisqu'ils sont presque identiques.*

En doublant le prix moyen du mètre cube de terrassemens porté dans le projet de M. Legrom, on obtiendrait encore un chiffre trop faible pour l'affecter *au mètre cube de roc à extraire des montagnes qui bordent la vallée du Doubs.* Le rédacteur des projets doit convenir de cette vérité, puisque MM. Cerf-Boris et Morel, ingénieurs chargés, sous ses ordres, de l'étude de la partie du tracé par la vallée du Doubs dans la section comprise entre Montreux et Pompierre, ont estimé à 3 fr. par mètre cube la plus-value de l'extraction de 36,000 mètres cubes de roc, qu'ils supposent exister sur le passage de leur rail-way. Conséquemment, en adoptant l'hypothèse de la trop faible base donnée aux talus, on fait à M. Parandier une position meilleure encore qu'en supposant la moyenne de ses prix de terrassemens trop faible de moitié; puisque, dans le premier cas, son projet ne doit s'augmenter, pour les terrains et les terrassemens, que d'une somme de six millions environ, et que dans le deuxième, il serait augmenté de sept. Nous ne faisons même pas entrer en compte dans cette augmentation le travail nécessaire à l'arrangement dans les remblais des rocs morcelés pour en former une chaussée.

Ainsi, pour asseoir des terrassemens sur des bases semblables à celles données par M. Legrom aux déblais et remblais portés dans son projet, M. Parandier devra augmenter la dépense portée dans le sien du prix de 25,914 ares de terrains, qui, au prix moyen de 5,200 fr. l'hectare, formeront une somme de...................................... 1,347,528 f

A reporter.............. 1,347,528

Report :   1,347,528

(Voir ci-après les notes relatives à la justification des calculs.)

Pour effectuer les terrassemens relatifs à cette augmentation de base des talus, il faudra augmenter le volume de ceux de M. Parandier de 4,212,600ᵐ, qui, au prix moyen de 1 fr. 17 c., produisent   4,928,040

TRANCHÉES SOUTERRAINES. — M. Parandier estime en moyenne le mètre courant de souterrain à 600 fr. ; M. Legrom, dans son projet, estime le mètre courant de ceux qu'il doit percer 1,000 f.

Le terrain que ceux de M. Parandier doivent pénétrer est-il *d'une exploitation plus facile* que celui que doit rencontrer le tracé de M. Legrom ? non ; et c'est ce qu'il est facile de prouver sans être géologue de la force de M. Parandier.

L'un des souterrains de M. Legrom doit traverser un grès compacte, et l'autre le muschelkalk. De toutes les roches exploitables le grès est sans contredit la plus facile : les nombreuses carrières ouvertes dans de pareils terrains dans le département de la Haute-Saône en fournissent la preuve par le prix de revient du mètre cube de moellons ou de pierres de taille de calcaire comparé à celui du mètre cube de grès; et la difficulté d'exploitation des carrières est, à peu de chose près, relativement la même que celle des souterrains.

L'exploitation du muschelkalk est moins connue de nous que celle des grès, et la percée que pratique dans ce terrain M. Legrom n'ayant que 234ᵐ, n'entre que comme un élément fort secondaire dans la composition du terme de comparaison.

Les souterrains de M. Parandier sont creusés dans le roc sur plus des 4/5. de leur longueur; le surplus est creusé dans des terrains qui ne peuvent se soutenir qu'avec des revêtemens en maçonnerie (1); leur développement total est *de 4242ᵐ non compris 1037 de souterrains ayant chacun moins de 250ᵐ que le*

A reporter   6,275,568

(1) Les creusages en galeries souterraines dans les marnes sont ruineux par les nombreux éboulemens dont ils sont la cause.

Comparaison de l'inclinaison des talus de Mᵣ Legrun avec les talus moyens de Mᵣ Pannelier; pour une tranchée de 18 mètres de profondeur.

Profil de Mᵣ Legrun.

Les Talus de Mᵣ Legrun
nécessitent l'acquisition des terrains compris entre F et G.
Le terrain rétréci dans le projet de Mᵣ Pannelier est compris entre H et I.

Profil de Mᵣ Pannelier.

Terre végétale, marnes
et Terrain d'alluvion.

Calcaire marneux et
Rochers altérés.

Roc vif
(toute
espèce)
de
terrain.

A. Terrain à creuser pour donner aux talus de
Mᵣ Pannelier la même inclinaison que celle
adoptée pour ceux de Mᵣ Legrun.
B. Inclinaison unique des talus de Mᵣ Legrun.
D. Inclinaison des divers talus de Mᵣ Pannelier.
E. Largeur de la tranchée de 18ᵐ de profondeur.

Échelle de 0ᵐ,002 pour mètre.

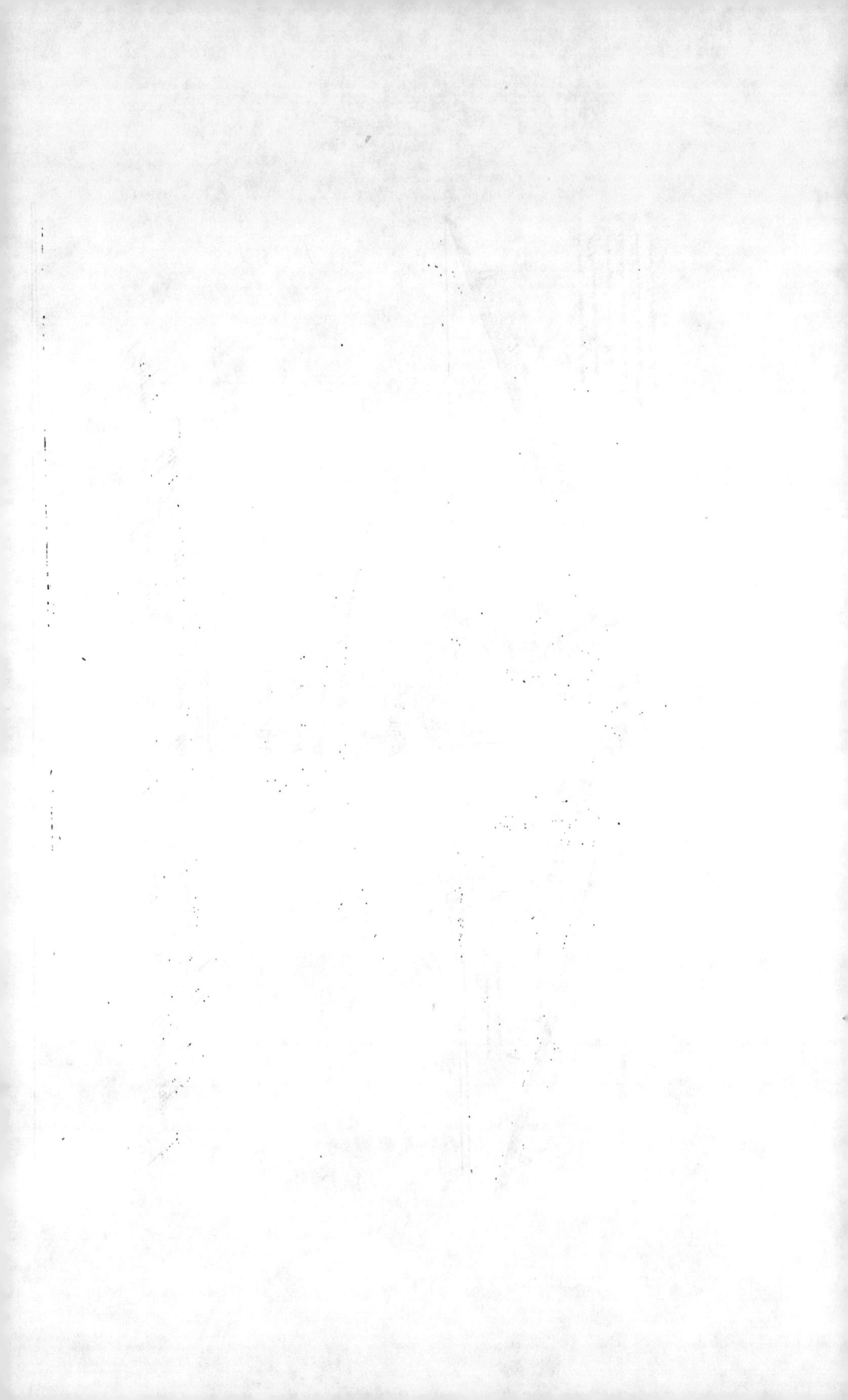

Report.......... 6,275,568

rédacteur du projet appelle PERCÉES; la moyenne longueur *de chaque souterrain est de* 600^m, et la longueur totale des percemens est de 5279. Le moyen développement de chacun de ceux de M. Legrom *est de* 560^m.

Par ces rapprochemens il devient évident :

1° Que, si la difficulté du percement augmente en raison de sa longueur, l'avantage est à M. Legrom; 2° que, si le roc calcaire est plus difficile à exploiter que le grès, l'avantage est encore à M. Legrom; 3° que, si dans les percemens dans les marnes ou dans tout autre terrain qui ne se soutient pas sans revêtement en maçonnerie, le travail est subordonné à plus d'éventualités que dans le roc, ce qui est incontestable, l'avantage est encore à M. Legrom, puisque cet ingénieur ne pratique aucune espèce de percemens dans de pareils terrains. Alors pourquoi M. Parandier estime-t-il ses souterrains à un prix moindre que ceux de M. Legrom? Est-ce parce que M. Legrom estime les siens à un prix trop élevé? non. M. Parandier doit bien savoir qu'en pareille matière, quelque élevé que soit le prix d'estimation, il sera dépassé en exécution. N'est-ce donc pas le cas d'augmenter le prix du mètre courant de percemens de M. Parandier jusqu'à ce qu'il soit nivelé avec celui de M. Legrom? Cette augmentation de prix du mètre courant de souterrain grossira la colonne des dépenses du projet de M. Parandier de................................. 2,111,600

Avant que d'attaquer un autre chapitre, il faut réfuter une objection qui pourrait être faite au projet de M. Legrom par comparaison avec celui de M. Parandier. Le projet de M. Legrom, pourrait-on dire, comprend 915^m de tranchées de 20 à 25 de hauteur; celui de M. Parandier n'en comprend pas de semblables dimensions. La réponse à cette objection est facile. M. Parandier, comme nous l'avons déjà dit en commençant, a rédigé son projet, dominé par cette idée qu'il ne serait réalisable qu'en présentant une économie notable sur celui passant

A reporter.............. 8,387,168

Report......... 8,387,168 '

par la Haute-Saône. Il a su que le volume des terrassemens
dans une tranchée s'augmente prodigieusement par l'addition
de quelques mètres de profondeur de creusage, surtout quand
des remblais à faire à proximité de ces tranchées ne fournissent pas des emplacemens utiles pour déposer les déblais.
Mais, pour ne pas être obligé d'évaluer de pareils obstacles
quand il les a rencontrés, il les a franchis sans les aplanir ;
il a laissé subsister, comme il le dit lui-même, des pentes
et rampes qu'on pourrait faire disparaître avec une augmentation de dépenses, et AVEC UNE AUGMENTATION DE PROFONDEUR
DE TRANCHÉES, *aurait-il dû ajouter*. M. Legrom a laissé apparaître ces difficultés, mais il les a vaincues avec de l'argent.
M. Parandier, conformément à sa pensée dominante, les a laissé
subsister ; par conséquent il n'en a pas fait ressortir le prix. —
Les tranchées d'une grande profondeur ont de graves inconvéniens ; M. Legrom le sait, et il les a évitées quand il a pu.
Son tracé aussi ne comporte-t-il que 5,563^m de tranchées, de
10 à 25^m ; tandis que celui de M. Parandier comprend 20 KILO-
MÈTRES DE TRANCHÉES de 10 à 18^m, et *plus de* 17 KILOMÈTRES *de
remblais*, de 8 à 18^m. Une pareille comparaison, ainsi que les
raisonnemens qui précèdent, amènent nécessairement à ces
réflexions : 1° que l'objection relative aux profondes tranchées
de M. Legrom fait ressortir plus victorieuse encore la franchise
des évaluations de cet ingénieur, et LA CAUSE *et les résultats de
celles trop étroites de M. Parandier.*

2° Que s'il existe dans le tracé passant par la Haute-Saône
UN *kilomètre sur* DEUX CENT ONZE *de tranchées de vingt à vingt-
cinq mètres de profondeur et quatre kilomètres de tranchées de
dix à dix-huit mètres,* mais avec des talus de *trois mètres de
base* pour *un mètre de hauteur,* il existe dans le tracé passant
par le Doubs VINGT *kilomètres de tranchées de* DIX À DIX-HUIT
MÈTRES, *mais avec des talus moyens de* VINGT-CINQ CENTIMÈTRES
DE BASE POUR UN MÈTRE DE HAUTEUR, c'est-à-dire *avec une base*

A reporter........... 8,387,168

Report...... .... 8,387,168ᶠ

DOUZE FOIS MOINDRE *que celle adoptée par M. Legrom.* Si quelqu'un objecte que M. Parandier suppose qu'en creusant ses
tranchées dans le roc il n'a pas besoin de talus plus largement
assis, nous lui répondrons : L'évaluation de tout le roc à extraire sur la longueur de l'espace qui sépare Dijon de Mulhouse
ne s'élève pas, suivant le devis de M. Parandier, à plus de
600,000 mètres cubes; ce roc, fût-il donc entièrement extrait
des tranchées au-dessus de 10ᵐ de profondeur, ne formerait
pas le cinquième des terrassemens qu'elles nécessiteront.

Nous répondrons encore :

Si M. Legrom veut, dans l'exécution de son projet, faire
percer des souterrains là où il a prévu des tranchées profondes, il fera une économie sur ses dépenses prévues, puisque ses tranchées sont estimées à plus de 1500 fr. le mètre
courant, ce qui résulte de la quantité de terrassemens qu'elles
nécessiteront multipliée par le prix moyen, et que les souterrains de M. Parandier ne sont estimés qu'à 600 fr. Nous ajou-
terons : Puisque ces tranchées ont 170ᵐ d'ouverture à la partie
supérieure, les souterrains diminueront notablement la quantité de terres à acquérir. Par l'exécution de 1000ᵐ de percemens en plus, le tracé de M. Legrom n'atteindra pas encore la
moitié de la longueur de ceux portés dans le tracé de M. Parandier; et la comparaison des profondes tranchées du tracé
par la vallée du Doubs, fera voir que celles-ci sont CINQ FOIS
*plus longues sur la ligne de M. Parandier que sur celle de M.
Legrom.*

OUVRAGES D'ART. — Quand on examine superficiellement
les projets de M. Parandier, les ouvrages d'art paraissent estimés à des prix élevés; quand on les examine attentivement,
ces estimations deviennent trop faibles. En voici la cause : dans
un avant-projet les travaux d'art sont souvent estimés en bloc
par comparaison avec d'autres de même importance exécutés
précédemment; c'est le parti adopté par M. Parandier : les

A reporter.......... 8,387,168

Report . . . . 8,387,168 '

prix d'unité portés dans ses tableaux d'estimation des travaux d'art paraissent élevés, mais leurs volumes y sont atténués.

Les quantités qui figurent dans le projet de M. Parandier sont celles de ponts ordinaires sur un débouché semblable à celui commandé par la largeur du Doubs. Mais si l'on remarque que sur le territoire de Laissey, l'obliquité des deux ponts figurés sur le plan topographique du tracé est telle que, si elle était augmentée de quelques degrés, *elle deviendrait, ainsi que la dépense correspondante, infinie,* parce qu'alors l'axe du chemin serait parallèle au cours de la rivière, n'a-t-on pas lieu de craindre qu'une erreur, même involontaire, n'ait dérangé sur le plan le cours de cette rivière? Et en admettant l'état apparent des choses, n'est-on pas frappé de la longueur énorme de ces ponts, longueur double de celle du lit du Doubs, ponts soutenus par des piles dont l'obliquité double encore la longueur? Ces ponts, doubles en volume, peuvent-ils être comparés sous le rapport du prix à d'autres existans dans nos contrées? Non. Ce serait donc le cas d'augmenter encore les dépenses de ce chapitre dans le projet de M. Parandier.

Mais puisque M. Legrom estime les trois ponts à construire sur la Saône à des sommes moindres que celles que M. Parandier affecte à l'estimation de celui qu'il projette à Pontailler, il peut s'établir entre les deux projets compensation à cet égard.

Dépendances. — MM. Legrom et Parandier ont chacun le même nombre de stations principales. Le nombre des stations d'ordre inférieur diffère de deux seulement dans les deux projets : M. Legrom compte en tout 52 stations, et M. Parandier n'en compte que 50; la dépense relative aux stations de 2e et de 3e ordre est peu importante, de sorte qu'on peut considérer les dépendances des deux chemins rivaux comme devant être les mêmes, et par conséquent comme devant

A reporter 8,387,168

Report........ 8,387,168 ᶠ

couter un prix égal. Cependant M. Legrom estime ces dépendances à............................ 4,355,445 fr.

Et M. Parandier n'estime celles de son railway qu'à............................ 2,530,000

La différence est de.................. 1,825,445

Par quoi est-elle causée? Par une plus forte estimation dans le projet de M. Legrom que dans celui de M. Parandier des bâtimens des diverses stations, des fours à coke, des croisemens de voies, des voies supplémentaires, des grues hydrauliques, des rampes d'accès ou de raccordement, etc. etc. etc.

Ces objets, et ceux dont il n'est pas parlé, qui forment les dépendances d'un chemin de fer, devant être les mêmes dans les deux tracés, c'est le cas d'augmenter l'estimation de M. Parandier de cette différence......................... 1,825,445

Il en existe une autre dans l'estimation du mobilier à l'avantage de M. Legrom de 267,000 fr. Le mobilier comme les dépendances doit être rapporté au même terme de comparaison ; et, si cette somme est nécessaire à M. Legrom, elle doit l'être à M. Parandier................................ 267,000

Quoique le matériel d'exploitation de M. Parandier soit presque double de celui de M. Legrom, les dépenses des deux projets se balancent par cette faible différence. En parcourant le mémoire de M. Parandier, intitulé : *Bases financières du projet*, on y trouve encore l'explication des causes qui ont pu motiver une estimation si faible des nombreuses locomotives et diligences qu'il comprend, et nous croyons qu'elles peuvent être ainsi interprétées : M. Legrom dans ses études a eu le désir de chercher les moyens d'exécuter une ligne de chemin de fer utile au pays. M. Parandier dans les siennes a eu la même intention, nous n'en doutons pas, mais il y a ajouté celle de les faire servir à enrichir les spéculateurs qui exploiteraient son railway. Par des chiffres, arbitraires à la vérité, il démontre dans ce mémoire que les bénéfices de l'exploitation s'élève-

A reporter........... 10,479,613

raient annuellement à 10 p. o/o ; mais pour donner une apparence de réalité à ces chiffres, il est obligé de comprendre,
dans son estimation, les voitures nécessaires pour transporter
le nombre chimérique de voyageurs qui entre, comme élément,
dans ses calculs; dussent-elles, ces locomotives et diligences,
coûter le double de la somme à laquelle elles sont par lui estimées. L'auteur du tracé par la Haute-Saône ne s'occupe pas
de semblables démonstrations, et par conséquent il ne croit
utile d'estimer que le nombre de locomotives et de wagons nécessaire à l'exploitation de sa ligne ; mais il considère comme
obligatoire la fixation de cette estimation à un prix suffisam-
ment élevé, en laissant à la concurrence le soin de le réduire.

M. Legrom porte à chaque chapitre une somme à valoir
pour travaux imprévus proportionnelle à l'importance des travaux qui y sont énumérés. M. Parandier en fait de même dans
son projet ; mais, malgré ces sommes à valoir partielles, M.
Legrom en ajoute encore une à sa récapitulation générale, de
2,500,000 fr., qu'il destine à couvrir les imprévisions. Cette
somme doit figurer aussi dans le projet de M. Parandier, pour
qu'il puisse être sérieusement comparé à celui de M. Legrom.   2,500,000

Enfin il nous reste à examiner une dernière question de dépenses qui sera parfaitement comprise par tous ceux qui ont
quelqu'expérience de la durée comparative des différens bois.
M. Legrom établit sa voie de fer sur des traverses en chêne cu-
bant chacune o^m 10; M. Parandier établit la sienne sur des traverses en sapin qui ne cubent que o^m o9 : la différence de volume est
donc moindre pour les traverses en sapin que pour celles en
chêne ; mais le chêne est rare et d'un prix élevé dans le département du Doubs, et le sapin y est abondant et à un prix fort
inférieur. M. Parandier est un homme d'assez d'expérience pour
savoir que le sapin se détruit promptement quand il est enfoui,
et que sa durée est infiniment moindre que celle du chêne placé
dans les mêmes conditions; mais ici, comme ailleurs, le désir

Report....... 12,979,613ᶠ

de faire apparaître des économies qu'il sait qu'on ne rencontrera pas dans le projet de M. Legrom, domine son expérience et ses convictions, et il appaise les reproches de sa conscience en lui opposant le soin qu'il prend de prescrire, *pour conserver son sapin, l'emploi du procédé Boucherie*!! puis, il laisse entrevoir dans une note *la possibilité de substituer au sapin, dans certaines parties*, DU CHÊNE QU'IL N'ESTIME PAS!! Pour ne pas blesser M. Parandier, nous nous abstiendrons de commenter de pareils raisonnemens, et nous dirons seulement que le chêne coûtant 80 fr. le mètre cube dans le département du Doubs, quand il s'agira d'en opérer une fourniture de 46,000 mètres cubes, avec la condition que toutes les pièces seront de mêmes dimensions, le prix s'élèvera sans doute. Mais attendu que cette élévation de prix se ferait également sentir dans la Haute-Saône, et que M. Legrom a fixé son prix sur celui du moment, nous nous bornerons à porter, à la dépense de ce chapitre, la différence qui existe entre le prix du chêne fixé à 80 fr. et celui du sapin fixé à 50 fr. par M. Parandier.................... 1,398,600

Quant au prix total d'un mètre courant de double voie, M. Parandier le fixe dans son détail, y compris le sable porté dans un autre chapitre, à 79 fr.; M. Legrom porte le prix du même objet, dans ses devis, à 81 fr. 15 c. Le prix de cette partie du chemin sera le même quel que soit le tracé qu'on adopte : c'est donc le cas d'augmenter encore les dépenses de M. Parandier pour les 210 kilomètres de double voie, de.... 451,500

Avant que de clore la comparaison des dépenses prévues dans les deux projets rivaux, il faut ajouter à celui de M. Parandier la même somme d'intérêts à payer aux actionnaires, que celle portée par M. Legrom dans le chapitre relatif à cette dépense : l'allocation de M. Parandier, pour cet objet, est de..............................:........... 2,464,074 fr.
celle de M. Legrom est de................ 4,000,000
Différence à porter en ligne au projet de M. Parandier.... 1,535,926

A reporter.............. 16,365,639

Report . . . .   16,365,639 ʹ

En ajoutant aux chiffres émargés ci-dessus et des autres
parts, la dépense prévue par M. Parandier, dans son projet.   43,748,240
on trouve pour total de la dépense d'une ligne de chemin de
fer passant par la vallée du Doubs pour joindre Dijon et

Mulhouse (1) . . . . :   60,113,879

D'après M. Legrom la dépense s'élèverait à . 52,000,000 fr.

Mais, M. Parandier portant dans son devis
pour frais de direction une somme de 1,714,677
fr., et M. Legrom n'évaluant cet objet que
1,000,000, la différence de 714,677 doit être
ajoutée à M. Legrom.

Avec cette addition   714,677

la ligne du chemin de fer passant par la Haute-
Saône pour joindre Dijon et Mulhouse, coûte-
rait 52,714,677   52,714,667

C'est-à-dire   7,399,202

de moins que celle passant par le Doubs, non compris la
somme *énorme* à dépenser pour obtenir la réalisation des es-
pérances de M. Parandier relatives aux rectifications de courbes
et aux adoucissemens de pentes. Cette somme rapportée ici
pour mémoire, ci . . . .   *Mémoire.*

---

(1) Pour arrondir son total, M. Parandier estime à onze ou douze cent mille francs un
embranchement de quatre lieues joignant Belfort à sa ligne de Mulhouse à Dijon, c'est-à-dire,
coûtant 72 mille francs par kilomètre. Cette estimation, *si remarquablement insuffisante,*
n'est pas, comme celle des terrassemens, expliquée ni justifiée bien ou mal dans le mémoire
général joint au projet ; elle est livrée sans commentaires à la sagacité des juges. Nous regret-
tons de n'avoir pu, pendant l'ouverture des enquêtes, prendre connaissance des détails
estimatifs de cet embranchement, s'il y en a eu. Mais nous pouvons affirmer que le prix des
terrassemens et des travaux d'art fût-il nul, cette estimation serait dépassée par celle des
rails seuls, qui, suivant l'estimateur, coûteront 79 mille francs par kilomètre, quoique sup-
portés par du sapin, c'est-à-dire 7 *mille francs par kilomètre de plus qu'il n'estime* TOUT CE
QUI CONSTITUE LE CHEMIN. En supposant même cette embranchement à une seule voie, ce qui
ne peut avoir lieu aux approches d'une place forte aussi importante que Belfort, le prix de
72,000 francs par kilomètre serait encore trop faible de plus de moitié.

Ainsi, si M. Parandier ou les partisans de son projet fondaient leurs prétentions à l'adoption de la ligne passant par le Doubs, à l'exclusion de celle passant par la Haute-Saône, sur des motifs d'économie, après une comparaison
pareille des deux projets, ces prétentions doivent cesser. Examinons maintenant
si, sous le rapport de la facilité d'exécution et d'exploitation, le tracé de M.
Parandier peut soutenir la comparaison avec celui de M. Legrom (1).

EXAMEN ET COMPARAISON

DES DEUX PROJETS

SOUS LE RAPPORT DES DIFFICULTÉS D'EXÉCUTION ET D'EXPLOITATION.

Quoi qu'en dise M. Parandier, et quelles que soient les réserves qu'il fasse à
cet égard, le tracé de chemin de fer passant par la vallée du Doubs est, tel
qu'il est conçu, *tout ce qu'il peut être ;* et les rectifications qu'on voudrait y
faire seraient si coûteuses qu'elles compenseraient désavantageusement les
améliorations qu'elles procureraient. M. Parandier, né sur les bords de la vallée
du Doubs, y exerçant depuis plus de douze ans les fonctions d'ingénieur, en
connaît les moindres accidens, et son projet les exploite avec la plus grande
adresse. Si un tracé meilleur que celui qu'il a présenté était possible, il serait

(1) A l'instant nous apprenons que M. Parandier, effrayé probablement de la comparaison
de l'estimation de ses travaux de terrassemens avec celle de M. Legrom, vient de commencer
à se rendre justice, en publiant un nouveau mémoire, dans lequel il augmente le chiffre des
dépenses de son projet de *cinq millions.* Il y a lieu d'espérer que, quand il connaîtra plus exactement toutes les différences que nous venons de signaler, il adoptera leurs conséquences,
et rectifiera encore son projet sous le rapport des évaluations. Les rectifications sous le
rapport des pentes et des courbes, quoiqu'indiquées par M. Parandier comme *possibles,* ne
paraîtront pas si prochainement.

bien coupable de ne pas l'avoir choisi pour objet de ses études. M. Legrom, au contraire, étranger au département de la Haute-Saône, ne connaissant les reliefs de ses terrains que depuis qu'il est chargé d'y chercher l'assiette d'un chemin de fer, a pu ne pas apercevoir quelques dépressions dans des collines qui lui auraient fourni la possibilité d'éviter les souterrains et les fortes tranchées qu'on lui reproche. Sous ce rapport, *le tracé par la Haute-Saône a pour éventualités des améliorations ; celui du Doubs n'a pour éventualités que des accroissemens de difficultés et des augmentations de dépenses.* M. Lacordaire, ingénieur en chef de notre département, s'est occupé de rechercher quelques-unes des rectifications qu'on pourrait opérer au tracé de M. Legrom ; il les a détaillées et justifiées dans son avis inscrit au livre des enquêtes. L'auteur du projet n'a pu de nouveau examiner le terrain depuis ses conférences avec M. Lacordaire ; mais il ne nie pas la possibilité de leur réalisation. Eh bien ! si au premier coup d'œil une rectification a été signalée, n'est-il pas probable qu'en examinant attentivement les larges vallées de la Haute-Saône, en recourant même aux indications de ses habitans, on arrivera à supprimer les 5 kilomètres de tranchées dont M. Legrom a été obligé d'estimer la dépense ? Dans la vallée étroite et sinueuse du Doubs, si resserrée entre des montagnes escarpées, que tout espoir de direction autre que celle étudiée doit être abandonné au premier aspect, on éprouve au contraire la crainte de ne pouvoir développer des courbes figurées sur des plans levés, PEUT-ÊTRE INEXACTEMENT, *par les subalternes de M. Parandier ; si le* RAYON DES COURBES *figurées sur les plans* EST DIMINUÉ, *le chemin de fer projeté pour la vallée du Doubs,* INEXPLOITABLE DÉJA COMME IL EST CONÇU, *devient un rêve à la réalité duquel il ne faudra jamais espérer de toucher ;* c'est ce dont conviendrait au besoin l'auteur du projet. Rien n'est plus frappant, en effet, quand on examine la partie du chemin de fer projetée entre Besançon et Montbéliard, que la multiplicité des courbes et contre-courbes dont il se compose. Le tracé de M. Legrom, au contraire, sur toute sa longueur, va droit, et ne comprend que quelques inflexions qui se développent toujours sur de grands rayons. La seule comparaison de la longueur des courbes au-dessus de 1000 de rayon, comprise dans les deux projets, fera ressortir la supériorité de celui de la Haute-Saône sur celui du Doubs.

COURBES AU-DESSOUS DE 1,000 MÈTRES DE RAYON.

PROJET DE M. PARANDIER :   PROJET DE M. LEGROM :

27,698ᵐoo   5,141ᵐoo

C'est-à-dire que, sur 28 kilomètres de longueur, le tracé de M. Parandier se développe en courbes à courts rayons ; et cet inconvénient deviendra plus frappant encore, si l'on fait remarquer que ces 28 kilomètres de courbes se trouvent compris entre Besançon et Montbéliard, et que les 5 kilomètres de courbes à mêmes rayons figurées au tracé de M. Legrom, sont *également distribués* sur toute la longueur de la ligne de Dijon à Mulhouse. M. Legrom, dans son Mémoire au chapitre IV (page 38), a parfaitement fait sentir l'impossibilité d'exploitation d'une voie composée de courbes et de contre-courbes, et quelle importance on devait attacher à éviter les emplacemens qui ne pouvaient comporter que de pareils tracés (1).

Si toutes ces comparaisons n'étaient pas encore assez concluantes, il faudrait ajouter.

1° Que quand M. Parandier ne peut pas développer une courbe sur un rayon suffisant, et quand il ne peut pas obtenir une pente de moins de cinq millimètres, il place une station, quand même elle devrait être inutile, au point difficultueux. Il justifie en apparence les imperfections de son tracé, en disant que les fortes pentes et les courbes à petits rayons sont des causes de ralentissement qui dispensent du frein, et qu'à l'approche des stations ces causes de ralentissement sont utiles. Exemple : *Station de Laissey.*

2° Qu'à l'approche des 14 ponts qu'il jette sur le Doubs entre Besançon et Montbéliard, et à l'approche des 43 viaducs que le terrain accidenté qu'il parcourt le force à établir, il existe encore *de ces causes de ralentissement qui dispensent du frein, mais qui diminuent en même temps la vitesse si dispendieusement achetée*, devons-nous ajouter.

3° Qu'il sera impossible de maintenir cette courte ligne droite tracée sur le territoire de Baume, et qui devra coûter si cher par les ponts et les souterrains qu'elle nécessite ; car un pont se trouvant placé précisément à l'embouchure de la dérivation du canal, rendra impossible la circulation des bateaux.

---

(1) Nous renvoyons au mémoire de M. Legrom les lecteurs qui désireront connaître quels inconvéniens sont attachés aux courbes à courts rayons.

7

4° Que le seul emplacement où le génie militaire pourrait permettre d'établir un débarcadère près de Besançon, serait celui figuré au plan de M. Parandier entre le pont de Bregille et celui des Chaprais ; que M. Parandier annonce lui-même qu'en raison des dépenses que le tracé qui aboutirait à cet emplacement nécessiterait et de l'allongement qu'il procurerait, le parallèle entre les deux projets rivaux pourrait en souffrir, et que, pour ce motif, il ne croit pas devoir le présenter comme préférable. 5° Que le débarcadère placé à l'entrée de la vallée des Chaprais devrait nuire à la défense de la place, puisqu'il pourrait servir de retranchement aux assiégeans, et masquer leurs opérations aux assiégés ; que conséquemment le génie militaire n'autorisera pas une semblable construction, et mettra par là M. Parandier dans la nécessité, en adoptant la variante qu'il abandonne, d'augmenter ses dépenses de deux ponts sur le Doubs, d'un souterrain traversant la citadelle pour arriver à la station placée près de Bregille, et de 1,200 mètres de chaussées et de double voie de rails.

6° Que la moindre erreur dans les tracés, ou en profil ou en plan, de l'étroite vallée du Doubs, opposerait à l'exécution du projet de M. Parandier des obstacles insurmontables ; tandis que les vallées et les plateaux de la Haute-Saône offrant à un chemin de fer une multitude de débouchés presque aussi courts et aussi faciles que celui adopté par M. Legrom, permettraient de choisir le plus avantageux sous le rapport des intérêts généraux.

7° Qu'au moyen des talus ajoutés aux déblais et remblais prévus dans le projet de M. Parandier, la quantité de terrassemens à effectuer par mètre courant dans la vallée du Doubs est sensiblement la même que celle prévue par M. Legrom pour la vallée de la Saône ; qu'ainsi les travaux d'art nécessités par les sinuosités de la vallée du Doubs et par celles de la rivière qui la parcourt sont énormes et les souterrains quintuples en longueur de ceux portés dans le projet de M. Legrom ; que, sans autre comparaison, la réalisation du projet de M. Parandier devra évidemment entraîner dans des dépenses dont on ne pourra connaître le chiffre avant une vérification complète du tracé, mais certainement infiniment plus grandes que celles nécessitées par l'adoption du projet de M. Legrom.

Considération immense et qui laisserait aux juges d'un pareil débat une responsabilité qui pourrait devenir fort pesante dans le cas de l'adoption d'un *tracé inexécutable sans modifications ruineuses.*

Justification des quantités de terrains à acheter et des quantités de remblais à faire pour donner aux talus de M. Parandier la même base qu'à ceux de M. Legrom.

PROJET DE M. PARANDIER.
Déblais.

	Base.	Hauteur.
Terre végétale et terrain détrétique..............	1	1
Calcaires marneux et rochers altérés................	1	2
Roc vif.......	1	10

Remblais.

Terre végétale et terrain détrétique...........	5	2
Marnes dures avec revêtemens en pierres jetées à la main..	5	4
Roc vif, calcaire, marneux, etc.	1	1
Moyenne............	12	20

ou 0^m60 pour 1 mètre.

Moyenne, par mètre courant, des terrains achetés par M. Parandier pour l'établissement de sa double voie $\dfrac{35476 \text{ ares } 00}{210000 \quad 00} =$ 16 89

La moyenne des déblais et remblais de M. Parandier est, par mètre courant, de....	32	65
Avec des talus de 0^m60 pour 1^m00, on trouve que leur hauteur serait de	5	25
Et que la base des talus serait, pour cette hauteur, de 3,25 $\times 0,60 =$.... ....,...	1	95
Pour une hauteur semblable, d'après le projet de M. Legrom, la base des talus serait de..... 3,25$\times$2,50 =	8	12
Différence de surface pour la base des talus d'une rive...	6	17
Et pour l'autre rive.........	6	17
TOTAL.....	12	54

PROJET DE M. LEGROM.
Déblais.

	Base.	Hauteur.
Toute espèce de terrains.	3	1

Remblais.

Toute espèce de terrains	2	1
Moyenne............	5	2

ou 2^m50 pour 1^m00.

Moyenne, par mètre courant, des terrains achetés par M. Legrom pour l'établissement de sa double voie $\dfrac{50802 \text{ ares } 00}{211000 \quad 00} =$ 24 00

La quantité de terrassemens estimés par M. Legrom, divisée par la longueur de sa ligne, donne pour moyenne, par mètre courant, 57^m00 cubes, ou bien 3,40 de hauteur de déblais et remblais, et 8,62 de base, aux talus calculés d'après la moyenne ci-dessus: 3,40$\times$8,62+8,00 (largeur moyenne de la voie) $=$ 56^{m}51, soit............. 57 00

PROJET DE M. PARANDIER.

C'est donc 12^{m}34 de terrains qu'il faudrait acheter par mètre courant de chemin pour donner aux talus de M. Parandier la même base que celle adoptée par M. Legrom, et pour les 210 kilom. 25,914 ares ; c'est aussi 4,145,400^m cubes de déblais ou remblais qu'il faudrait effectuer pour obtenir des talus d'une inclinaison semblable à celle adoptée par M. Legrom; c'est-à-dire : 8^{m}12 + 8^{m}00 (largeur de la voie) = 16^{m}12 $\times$ 3^{m}25 = ... 52   39
Il faut déduire de cette quantité celle portée au devis . . 52   65

$$\text{Reste . . . . . . } 19 \quad 74$$

19^{m}74 $\times$ 210,000 (longueur du chemin) = 4,145,400^{m}00.
4,145,400 $\times$ 1 fr. 17 c. (prix moyen du mètre cube) = 4,850,118^f

PROJET DE M. LEGROM.

Nota. La somme relative aux terrassemens qui est portée dans le corps du Mémoire est de 77,922 fr. trop forte. L'erreur de calcul qui l'avait produite étant rectifiée, nous nous empressons de consigner ici cette différence.

Vesoul, le 2 janvier 1842.

(Suivent les signatures.)

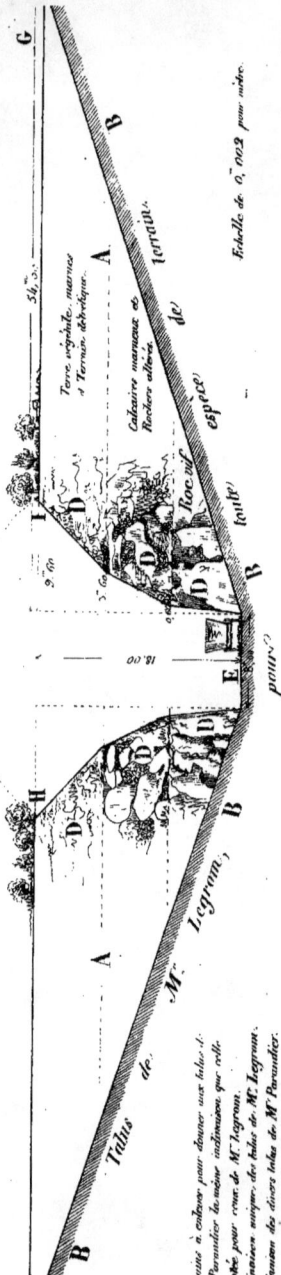

Comparaison de l'inclinaison des talus de Mr. Legrom avec les talus moyens de Mr. Parandier, pour une tranchée de 18 mètres de profondeur.

Profil de Mr. Legrom.

Les Talus de Mr. Legrom nécessitent l'acquisition des terrains compris entre F et G. Le terrain estimé dans le projet de Mr. Parandier est compris entre H et I.

Profil de Mr. Parandier.

Talus de Mr. Legrom.

Terre végétale, marnes et Terrain détritique.
Calcaire marneux et Rochers altérés
Roc vif (toute) espèce de terrain

Echelle de 0,002 pour mètre.